悦宅记 图典

家装细部设计
与风格定位

家装细部设计与风格定位图典编写组　编

轻奢欧式风格

机械工业出版社

CHINA MACHINE PRESS

U0151125

本书包括古典欧式风格和现代欧式风格两章内容，以风格设计的基本原则为切入点，详细解读了古典欧式风格和现代欧式风格的色彩、家具、灯具、布艺、花艺、绿植、饰品及材料的基本特点与搭配手法。每章中详细地划分出客厅、餐厅、卧室、书房、玄关走廊等主要生活区，通过对经典案例的色彩、家具、配饰、材料等方面的深度解析，让读者更直观、有效地获取装修灵感。本书提供线上视频资料，内容翔实、丰富，线上与线下的搭配参考，增强了本书的实用性。

图书在版编目（CIP）数据

悦宅记：家装细部设计与风格定位图典. 轻奢欧式
风格／家装细部设计与风格定位图典编写组编. —北京：
机械工业出版社，2022.2
ISBN 978-7-111-70024-1

Ⅰ.①悦⋯　Ⅱ.①家⋯　Ⅲ.①住宅−室内装饰设计−
图集 Ⅳ.①TU241.01-64

中国版本图书馆CIP数据核字(2022)第007519号

机械工业出版社（北京市百万庄大街22号　邮政编码100037）
策划编辑：宋晓磊　　　责任编辑：宋晓磊　李宣敏
责任校对：刘时光　　　封面设计：鞠　杨
责任印制：张　博
北京利丰雅高长城印刷有限公司印刷

2022年2月第1版第1次印刷
184mm×260mm·7印张·168千字
标准书号：ISBN 978-7-111-70024-1
定价：49.00元

电话服务　　　　　　　网络服务
客服电话:010-88361066　机 工 官 网：www.cmpbook.com
　　　　010-88379833　机 工 官 博：weibo.com/cmp1952
　　　　010-68326294　金 书 网：www.golden-book.com
封底无防伪标均为盗版　机工教育服务网：www.cmpedu.com

FOREWORD 前言

　　对于家装设计来说，居室的风格定位与材料、色彩、软装等方面的搭配是至关重要的。选择合适的软装元素、配色原则以及装饰材料与家装风格相契合，是缔造舒适、完美的家居环境的最佳切入点，只有清晰明了地了解这些基本的搭配原则并将其应用到家装中，才能展现出不同风格家装的不同魅力。

　　本书从风格设计的基本原则入手，简化了大量的基础知识，通过浅显易懂的文字，细致解读了不同装饰风格的色彩搭配、家具选择、灯具选择、布艺织物选择、花艺绿植选择、饰品选择、装饰材料选择等。此外，每个章节还介绍了客厅、餐厅、卧室、书房、玄关走廊等空间的设计案例，对特色案例进行详细讲解，有益于读者更快速、有效地获取灵感资源，轻松打造出一个赏心悦目的、有独特情调的居住环境。

　　参加本书编写的有：许海峰、庄新燕、何义玲、何志荣、廖四清、刘永庆、姚姣平、郭胜、葛晓迎、王凤波、常红梅、张明、张金平、张海龙、张淼、郇春元、许海燕、刘琳、史樊兵、史樊英、吕源、吕荣娇、吕冬英、柳燕。

　　希望本书能为设计师及广大业主、家居爱好者提供帮助。

CONTENTS 目录

第 1 章

古典欧式风格

古典欧式风格色彩怎么搭配

古典欧式风格给人以厚重的感觉，色彩搭配上充分利用了金色、银色、咖啡色、红色、紫色等华丽的色彩，来营造高雅、奢华的空间氛围。

一看就懂的
古典欧式风格色彩

背景色的选择

古典欧式风格居室十分注重装饰效果，会利用一些高饱和度的颜色来烘托环境氛围，因此在背景色的选择上多以白色系、米色系或浅咖啡色系为主，这样可以在一定程度上弱化或突出其他元素中的华丽色调，使色彩搭配更加和谐。

• 纯净的白色作为背景色，能很好地衬托出主体色的层次

• 以高饱和度的蓝色作为餐厅的主体色，整体装饰风格显得华丽而夺目

主体色的选择

主题墙和大型家具的颜色都能被作为居室内的主体色。在古典欧式风格居室中，为了彰显雍容华贵的风格特点，可以适当地选用一些饱和度高的颜色进行装饰，如紫色、红色、粉色、蓝色等。

点缀色的选择

金色、银色、黑色、紫色、蓝色、红色等色彩点缀在白色或米色等浅色中，能够体现出古典欧式风格华丽、轻盈的跳动感，既能渲染出柔和、高雅的气质，又能提升软装元素的精致感。

• 一抹粉红色在这个以白色为主体色的空间里，显得格外惹眼，给人以柔和、浪漫的感受

古典欧式风格家具怎么选

古典欧式风格家具在布置时要充分考虑空间的实际面积，预留足够的空间，以使家具的风格得到完整的体现，从而使整个房间显得更加气派，且古典欧式风格的奢华气魄才能得到淋漓尽致的展现。

家具的总体特点

古典欧式风格家具线条流畅，精湛考究的实木雕花，既有古典的韵味，又有现代的设计感。如柜子、椅子、床等家具的腿部造型常会采用涡纹的弯腿造型，其中以兽腿、猫脚最为常见，其看起来十分轻盈、雅致。

• 恰到好处的雕花是展现出古典欧式风格家具魅力的最大亮点

• 浅灰色的布艺饰面搭配白色木质框架与金色雕花，这样的搭配柔和中透着高贵

• 刷白处理的家具，简洁大气

家具颜色的选择

家具颜色的选择不能采用过多的色彩。可以将红色融入深咖啡色中，表现出传统复古的气息；将白色与原木色搭配，用自然系的色彩表现高贵，这样可以使传统风格看起来更加亲切、典雅；还可以适当地将一些暖色调运用在家具中，以形成明快的对比，从而增加室内的潮流气息。

家具材质的选择

在家具的材质选择上，古典欧式风格家具格外注重材料的自然质感，通常选用一些名贵的木种作为主材，如樱桃木、胡桃木、椴木、乌木等。

• 全实木的四柱床给人的感觉十分坚实耐用，精湛考究的雕花也突显了古典欧式风格家具的高贵气质

经典家具单品推荐

• 兽腿式边桌

• 实木休闲椅

• 弯腿式边几

• 柱腿式边几

古典欧式风格灯具怎么选

古典欧式风格灯具以华丽的装饰、浓烈的色彩、精美的造型展现出雍容华贵、富丽堂皇的欧洲宫廷效果。灯具常采用铸铁色、古铜色、银色作为灯框架的颜色，再搭配精美的水晶吊坠、仿羊皮纸灯罩或玻璃灯罩，提升空间氛围的同时流露出欧式风情的浪漫气质。

一看就懂的
古典欧式风格灯具

灯具的样式与造型

古典欧式风格灯具注重线条、造型以及其色泽上的雕饰。有的灯具以人造铁锈、深色烤漆等做旧样式展现出复古情怀。从材质上看，多以树脂、纯铜、锻打铁艺为主。其中树脂灯具造型多样，可有多种花纹，再贴上金箔或银箔显得颜色更加亮丽、鲜艳；纯铜、铁艺等的造型相对简单，但更显质感。

• 台灯优美的线条，精湛的雕花，让空间弥漫着优雅、奢华的氛围

经典灯具单品推荐

• 水晶支架台灯

• 陶瓷鎏金雕花台灯

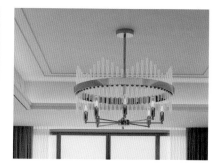

• 环形水晶吊灯

• 水晶烛台吊灯

古典欧式风格布艺织物怎么选

古典欧式风格居室的布艺元素色调复古、华丽,纹理图案十分丰富,材质多以绒布、真丝、纯麻等较为华贵的面料为主,为了突显风格特点,常采用层次丰富的褶皱和造型复古的流苏元素。居室内布艺元素的搭配应以功能性为第一要素,在保证功能的前提下再追求样式。小型居室可以选择设计简单、大方,没有过多烦琐装饰的软装布艺。

一看就懂的
古典欧式风格布艺织物

布艺织物的颜色与图案

古典欧式风格一般会选择绿色、蓝色、紫色、红色等较为华丽的颜色用于布艺元素中。除了巴洛克、洛可可、大马士革、佩斯利、卷草纹等一些传统图案外,橄榄树、向日葵、薰衣草等图案也会被用在桌布、窗帘、沙发靠垫、床品上。

• 场景图案作为幔帐和部分抱枕的装饰图案,更加突显了室内的古典格调

布艺织物类型及推荐

• 纯棉面料床品

• 带有流苏装饰的抱枕

• 欧式花边幔帐

古典欧式风格花艺、绿植怎么选

古典欧式风格追求高雅的奢华感，这种华美的空间，很适合用玫瑰、向日葵、非洲菊来衬托。古典欧式风格居室推荐植物有百合、小雏菊、玫瑰及藤蔓植物。

一看就懂的
古典欧式风格植物

• 水晶器皿搭配艳丽的花卉，可烘托出浓郁的节日氛围

花艺、绿植的陈设原则

古典欧式风格的花艺、绿植比较注重花器的观赏性，室内植物多以造型饱满的水养插花为主。如在古铜描花花瓶或精美的雕花瓷质花瓶中，插上几枝百合、玫瑰等，这样饱满的花朵就可以呈现出花团锦簇的视感。

经典花艺、绿植推荐

• 仿真花卉

• 百合+绣球

• 多头蔷薇

• 仿真绢花

• 浮雕瓷器、复古的金属相框或是精美的铜质托盘，细节处的雕花及其精湛的工艺都彰显着古典欧式生活追求奢华与安逸的享乐态度

古典欧式风格饰品怎么选

在古典欧式风格的居室环境中，挂饰、摆件一类的饰品不能过多，也不能太过简单，恰到好处的修饰，才能将古典欧式风格古朴、华丽的特点表现得更加淋漓尽致，除此之外，还可以选择在墙上悬挂一两幅经典的油画，或是装饰两盏具有古典韵味的壁灯等。

一 看 就 懂 的
古典欧式风格饰品

饰品的特点

做工精细、色彩华丽、造型饱满是古典欧式风格饰品最突出的特点。传统的银质烛台、水晶制品、描金瓷器、布艺流苏等这些深具西方古典文化韵味和独特风格的工艺饰品，最能体现古典欧式风格的魅力。古典欧式风格饰品在陈列时应尤其注意与装饰主题的呼应，空间留白不宜过多，也不宜过度拥挤，恰到好处的装饰是古典欧式风格设计的重要原则。

古典欧式风格饰品推荐

• 石膏雕像

• 陶瓷花器

• 水晶+陶瓷饰品

古典欧式风格装饰材料怎么选

古典欧式风格奢华、大气，这种装修风格比较适合大户型居室，在装饰材料的选择上往往会选择两种或三种装饰材料进行组合运用，这样既能弱化空间的空旷感，也更能彰显出其雍容华贵的风格特点。

材料的质感特点

木材、石材等天然装饰材料是古典欧式风格居室偏爱的装饰材料。其质感突出，色调华丽，更能营造出古典欧式风格的华贵感。此外，选择带有大朵花卉图案的壁纸，或是与雕花镜面组合，与花式石膏线组合，这样的搭配可以在提升空间古典气质的同时也能带入一些自然气息。

• 花式石膏线条的运用，从细节中体现出具有华贵气质的装饰氛围，也能彰显出古典欧式风格浓郁的艺术感

材料颜色的选择

主题墙的装饰材料可以选择饱和度较高的颜色，这样能使主题更加突出，有利于空间氛围的烘托。顶棚和其他墙面的材料颜色应选择浅色。地面的材料颜色则可以根据顶棚与墙面的颜色进行选择，通常以比顶棚深一些为宜，除此之外，还可以根据室内采光条件或空间实用面积大小来决定。

• 印有欧式传统图案的壁纸，采用了蓝色与米色的组合，层次分明，视感柔和

材料的经典组合推荐

• 大理石+装饰线，大理石装饰线让白色的石材看起来更有立体感

• 石膏线+乳胶漆，简单的选材通过颜色及造型的变化，呈现出的视觉效果十分华贵和大气

• 软包+护墙板，软包是一种兼具了功能性与美感的装饰材料，可以通过其颜色或形状的变化来营造或华贵或简约的视觉效果

古典欧式风格

「客厅」

色彩：布艺元素中融入了少量的灰色，可增强视觉感

配饰：插花与绿植的点缀，提升了整个空间装饰效果的美感

材质：护墙板通过简单的线条装饰增强了立体感

▲ **色彩：**高明度、高纯度的蓝色给人带来高贵、华丽的视感，在以浅色为背景色的空间内，让整体配色看起来更加饱满、充盈

家具：电视柜在边角处做了描金雕花处理，搭配黑色烤漆饰面，视觉效果华贵、大气

材质：实木地板选择了沉稳贵气的棕红色调，纹理丰富，脚感舒适

▲ **色彩：**金色的点缀，增强了空间的华丽感

配饰：水晶吊灯的造型层次丰富，为空间营造出一个浪漫、华丽的氛围

材质：花鸟图案的壁纸让主题墙更显夺目

▼ **色彩：**蓝色的使用面积虽然不大，却很好地提升了整个空间色彩的层次感，且与金色形成互补，整个空间视感更加明亮、华丽

配饰：布艺、灯饰、花艺等元素的点缀，营造出华丽、大气的居室氛围

材质：传统图案壁纸搭配米色调的大理石，让整个居室更具美感

▲ **色彩：**孔雀绿色的布艺窗帘华丽、贵气，与银色调的沙发形成对比，彼此映衬，使空间色彩层次更加分明

配饰：灯光的映衬突出了布艺元素的华丽感，让古典欧式风格的氛围更加浓郁、曼妙

材质：大理石装饰的地面，其清新自然的纹理尽显大气、蓬勃之感

色彩：以黑色与白色作为主体色的空间，能给人带来简洁、明快的视感，布艺、装饰画、工艺品等元素的颜色华丽而丰富，为明快的空间增添了一份奢华感

家具：欧式兽腿家具，采用烤漆饰面，搭配镶嵌的银质雕花，尽显经典、贵气之美

材质：硬装给人的感觉简洁、利落，银色线条的修饰更显精致

色彩：经典的深浅色搭配，丰富了空间色彩层次，布艺元素选择一些视感华丽的颜色，使整个客厅空间充满古典风格的贵气之美

家具：沙发的对坐式布置方式，为空间增添了对称之美，单人座椅可以灵活移动，不会对空间动线造成影响

材质：爵士白大理石视感通透、华丽，为古典欧式风格居室增添了简洁大气的现代美感

色彩：棕黄色的高靠背座椅增添了空间配色的厚重感，温暖中流露出古典欧式风格的贵气

配饰：壁灯营造出温暖惬意的空间氛围，其复古的造型更加突显古典欧式风格的奢华格调

材质：墙面的立柱造型，让空间拥有了古典欧式风格的庄重感，浅色墙漆在线条的勾勒下富有变化，不再显得单调

▲ **色彩：** 大量的金色点缀在空间内，彰显了古典欧式风格的奢华气质
家具： 兽腿家具的精湛工艺与雕花，完美地展现了古典欧式风格奢华、复古的风格基调
材质： 硬包装饰的电视墙，颜色淡雅、造型简约，丰富了整个空间设计的层次感

▼ **色彩：** 浅灰色作为空间的主体色之一，通过黑色线条来强调空间色彩的层次感，与背景色的奶白色呈现的对比也更柔和
家具： 造型纤细的茶几，极具巴洛克风格
材质： 电视墙用洁净的大理石作为装饰，与乳胶漆组合运用，丰富了整个空间的质感

▲ **色彩：** 客厅以米白色作为背景色，绿色沙发让人感到清新优雅，两者的搭配提升了空间的质感与色彩层次感
配饰： 灯饰、墙饰等带有大量的金属元素，使得贵气优雅的氛围油然而生
材质： 黑白撞色的地砖，为空间带入现代感

► **色彩：** 绿色和浅蓝色的运用，让空间中拥有了一丝清新优雅的美感

家具： 舒适的兽腿家具，增强了空间的古典格调，让整个空间更具有古典欧式风格的内涵和艺术感

材质： 乳胶漆作为墙面的装饰主材，色调柔和，搭配一幅色彩浓郁的油画，整个空间显得更加温馨

▲ **色彩：** 浅灰色作为沙发的主体色，与作为点缀装饰的金色相搭配使整个空间的配色看起来更显贵气

配饰： 造型层次丰富的水晶吊灯，成为空间内的装饰焦点，将古典欧式风格华贵大气的格调展现得更加淋漓尽致

材质： 镜面让空间层次呈现的视觉效果更加丰富，映衬出一个更加华丽大气的空间

▲ **色彩：** 明亮而贵气的棕黄色是空间配色的一个亮点，配合主题墙的灰色，呈现的视觉效果华丽而高级

家具： 兽腿造型的高背椅，线条优美流畅，完美地诠释出古典欧式风格家具的美感与格调，也是室内软装配饰中的一个焦点

材质： 大理石丰富的纹理，高级的色调，让整体空间看起来十分富有层次感

▼ **色彩：** 以黑色与白色作为主体色的空间，视感明快，孔雀绿色、明黄色、金色等颜色的点缀，既延续了黑白色的张力，又将古典欧式风格的华丽视感融入其中

配饰： 丰富的工艺饰品彰显出古典欧式风格家居随性的生活趣味

材质： 精美的石膏线让墙面、顶面的设计更有美感，也加强了空间的古典欧式风格的格调

▲ **色彩：** 沙发、窗帘、墙饰的颜色形成呼应，整个配色的视觉效果更显奢华

配饰： 吊灯、壁灯、台灯的组合，呈现出丰富华丽的光影效果，彰显古典欧式风格家居的大气奢华之感

色彩： 在以白色作为主体色的空间中，不同蓝色的点缀，让整个空间的氛围清爽优雅

配饰： 吊灯的样式别致，丰富的造型层次呈现的视觉效果更加梦幻、华丽

材质： 通过简单的石膏线条，让墙面的设计感更加丰富

▲ **色彩：** 家具中加入了大量的金属色边框，让整个空间的配色显得婉约而复古，布艺元素中添加了一些明快而艳丽的颜色，丰富了整个空间的配色层次

配饰： 绿植、挂画、灯饰的装饰，营造出一个极其富有生活情趣的空间

材质： 乳胶漆装饰的墙面，视感柔和温婉，配合护墙板的凹凸造型，造型层次更加丰富

▲ **色彩：** 孔雀蓝色的皮质座椅提升了整个空间的色彩层次，与金色形成互补，视觉格调更加华丽

家具： 大理石方几，其颇具现代感的设计，为古典欧式风格空间融入一份简约的美感

材质： 护墙板的颜色饱满，与白色木线条相搭配，让简单的材料组合成为室内装饰的亮点

▲ **色彩：** 深灰色给人的视感十分高级，搭配饱满华丽的孔雀蓝色，尽显高贵大气

家具： U字形布置的客厅沙发，能满足多人同时入座的需求，宽大的卷边造型，舒适度与美观度极佳，整体造型体现出古典欧式风格的奢华感

材质： 大理石装饰的地面，呈现的视感奢华大气，大块地毯弱化了石材的冷硬感，提升了空间舒适度

▲ **色彩：** 用于点缀的紫色和绿色，其面积虽然很小却成为室内配色的焦点，利用软装细节彰显出古典欧式风格的浪漫基调

家具： 利用单人座椅和长方形矮凳作为客厅家具的补充，既不影响动线，还能提升整个空间的功能与美感

材质： 地面四周的黑色大理石，不仅增强了客厅的空间感，还让简单的地面更富设计感

▲ **色彩：** 黑色框架和线条的运用，不仅丰富了整体空间的色彩层次，也更加突显了浅色调的高级感

配饰： 沙发墙面的两幅装饰画，为华丽的空间带入异域风情的艺术感

材质： 地面运用大理石拼花来强调空间感，丰富了空间的设计感，也突显了古典欧式风格精美雅致的格调

▲ **色彩：** 深蓝色与孔雀蓝的组合，给人呈现的视觉感非常华丽，配合金色的点缀，更加强调了古典欧式风格的奢华气度

家具： 高靠背椅给人带来古典宫廷般的庄重感

材质： 叠级吊顶的层次丰富，通过灯带的修饰，更显华丽

▲ **色彩：** 绿色被运用在绿植和单件家具中，不同材质体现的视感更有层次，营造出古典欧式风格特有的自然美感

家具： 客厅墙面一改传统设计理念，用整墙的书柜代替了传统电视墙，增添了居室内的文化气息

材质： 木地板的纹理在自然光线的衬托下，自然感十足，营造出一个元气满满的古典欧式风格居室

▲ **色彩：** 古典欧式风格客厅以灰色调为主体色，通过金色、白色、黑色的点缀与衬托，整体色感华贵而高级

家具： 电子壁炉的运用，环保健康，是古典欧式风格居室的标配

材质： 洁净的大理石，纹理清晰且丰富，用来装饰壁炉，更加突显了壁炉在古典欧式风格居室中的地位

▼ **色彩：** 米色作为客厅的主体色，突显出金色的贵气与华丽感，布艺元素的颜色十分丰富，缓解了米色与金色的单调，让整体配色充盈而有层次感

配饰： 窗帘、单人椅、地毯、装饰画等元素的图案都运用了饱满的大朵花卉作为装饰图案，营造出一派繁花似锦的空间印象

材质： 肌理质感的壁纸搭配白色木质线条，颜色层次柔和，设计层次颇具立体感

▲ **色彩**：金色的运用在以灰色和白色为主体色的客厅中，显得尤为耀眼，不仅提升了整个空间的色彩层次，也带入了不容忽视的奢华感

家具：整墙定制的电视柜增添了居家生活的收纳空间，也是客厅装饰中的一个焦点

材质：由大理石装饰的地面呈现出其他砖体无法媲美的华丽感

◄ **色彩**：艳丽的色彩不仅能弱化空间内棕色的沉闷与单调，丰富空间的配色层次，还能彰显古典欧式风格华丽、饱满的配色特点

配饰：复古的留声机成为室内装饰的焦点之一，为空间注入了文艺浪漫的气息

材质：地板的米字形铺装方式，使空间层次更丰富

◄ **色彩**：黑色与金色的组合，成为室内最耀眼的装饰，低调内敛中透露着奢华的贵气

家具：利用两张单人休闲椅的补充，使客厅家具实现U形格局布置，增添待客空间，也提升了空间装饰的美感

材质：顶棚的四周运用精致的花式石膏线作为装饰，让简洁的顶面设计更有层次感与美感

◀ ┄┄┄

色彩： 客厅选择了柔和的浅咖啡色作为背景色，与家具的颜色搭配更显柔和明快，单人沙发椅的颜色成为配色焦点，增添了配色的华丽感与活跃感

配饰： 台灯选择了淡紫色灯罩，使光线的视感更柔和，呈现的光影效果更加柔美、浪漫

材质： 电视墙运用了浮雕壁纸作为装饰，灯光的映衬使鸢尾纹理更突出，彰显了古典欧式风格低调华丽的美感

▲ **色彩：** 软装元素的颜色，低调中流露出华贵之感，与电视墙的主体色形成呼应，也体现了整体空间配色的协调性与统一性

家具： 皮质沙发让整个客厅充满了复古格调，搭配大量的绿植进行装饰，自然氛围满满

材质： 仿古砖与复古花砖交替组合，大大提升了地面的装饰效果，使空间充满了古典欧式风格的张力与表现力

▲ **色彩**：干净的米白色与华贵的棕红色成为客厅的主体色，呈现的视感明快而富有古朴感

配饰：灯具、花艺等元素的装饰，为空间增添了年代感，使视觉效果更加丰富而有内涵

材质：浅色乳胶漆装饰了空间的整个墙面，利用传统的欧式造型丰富视感，弱化了材料的单一感

◀ **色彩**：暖色调的点缀，让整个氛围略显复古的空间看起来质朴中带有一丝华丽感

配饰：布艺元素的装点，成为室内较为吸睛的装饰元素之一，彰显出古典欧式风格奢华的美感

材质：花砖的运用，勾勒出地面丰富的层次感，浅色地砖使花砖的纹理更加突出，深浅对比强烈，别有一番美感

色彩： 蓝色绒布沙发与单人休闲椅的颜色形成互补，打破了浅色背景色的单调感，让整体配色看起来更有层次，也为古典欧式风格居室带入一份活跃感

配饰： 墙饰的造型带有浓郁的古典文化韵味，金属色的加持增强了室内华贵、大气的视感

材质： 沙发墙运用对称的线条来丰富视感，并且空间的平衡感与立体感都得到完美展现

色彩： 以浅灰色作为背景色与主体色的客厅，给人的感觉简洁、利落

配饰： 颇具现代感的灯具造型，为古典欧式风格空间融入了现代风格简约大气的美感，古典与现代的混搭，别具美感

材质： 护墙板与电视柜保持同色调，弱化了客厅因不规则布局而产生的不协调感，让客厅看起来更有整体感

色彩：金色与米黄色的组合，使整个餐厅都散发着华丽贵气的美感，黑色线条的勾勒，丰富了整体空间的配色层次

家具：复古的高靠背餐椅，让用餐的舒适度得到提升，也彰显了古典欧式风格的奢华与精致

材质：传统图案的壁纸搭配象牙白色的护墙板，色彩层次丰富，美感突出

色彩：金棕色成为室内的主体色，与餐桌的深色形成对比，尽显古典欧式风格配色的奢华与贵气之感

配饰：环形吊灯的样式比较具有现代感，金属质感更显华丽，成为古典欧式风格空间内装饰的亮点之一

材质：罗马柱成为餐厅与厨房的间隔装饰，将古典建筑元素融入室内装饰，复古意味浓郁

色彩： 桌面上花束的颜色成为室内配色的最大亮点，其明艳动人的色彩，打破了空间的沉稳基调，营造出一个喜庆、华丽的氛围

配饰： 饱满华丽的插花，美化了空间环境，增添了视觉上的华丽感

材质： 顶棚运用了视感华丽的金属壁纸作为装饰，在灯光的映衬下，视觉效果更加梦幻、奢华

色彩： 米色作为餐厅的主体色，视感柔和而温馨，灯具中融入了大量的金属色，增添了视觉上的贵气感与华丽感

家具： 简化的高靠背餐椅，使用起来更加舒适

材质： 印花壁纸与护墙板的组合，为餐厅营造出一个简洁、温馨的用餐氛围

色彩： 考究、内敛的棕红色作为餐厅的主体色，使空间的整体氛围显得沉稳而华丽，小面积的点缀一些蓝色、绿色等较为明快的颜色，可在提升色彩层次感的同时，也使整个空间色彩氛围更加灵动、有趣

配饰： 灯具、挂画、花艺的搭配，装点出一个精致而复古的用餐空间

材质： 主题墙的花砖成为硬装选材的一个亮点，其传统的纹理与图案，为空间注入浓郁的复古风情

▲ **色彩：**以象牙白色作为主体色的餐厅，呈现的视感简洁中透着高级感

家具：大理石餐桌质感通透，颜色洁净，通过其整体的造型体现出古典欧式风格家具的独有魅力

材质：茶色玻璃推拉门的视感比清玻璃更有层次，增添了空间的神秘感

▼ **色彩：**棕色作为主体色，让空间配色风格更显沉稳，再加上少量黄色、金色的点缀，展现出古典欧式风格追求华丽、贵气的风格基调

家具：餐椅的布艺纹样及造型极具古典气质，为空间带来了复古浪漫的氛围

材质：地板和大理石装饰的地面，质感对比强烈，地板的自然温和更加突显石材的通透视感

▲ **色彩：**棕黄色与浅咖啡色作为餐厅的主体色，色彩组合层次分明，其中点缀了红色、橙色、紫色，为明快的节奏中添加一份华丽的美感

配饰：餐桌上方配备的长方形水晶吊灯，其丰富的光影层次，增添了空间古典欧式风格的韵味

材质：镂空木质花样的装饰，使墙面的设计感更加突出，复古的纹样突显了古典文化浑厚的历史底蕴

色彩：柔和的米黄色作为餐厅的背景色，弱化了深色家具带来的沉闷感，也更加突显了墨绿色餐椅的高级感

配饰：吊灯、壁灯的组合，能够满足不同场景下的光线需求，其复古的样式传达出空间的古朴意境

材质：洗白处理的地板纹理更清晰，缓解了深色家具的单调感，显得含蓄而柔美

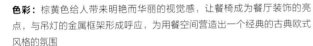

色彩：棕黄色给人带来明艳而华丽的视觉感，让餐椅成为餐厅装饰的亮点，与吊灯的金属框架形成呼应，为用餐空间营造出一个经典的古典欧式风格的氛围

配饰：建筑题材的装饰画，更加突显了古典欧式风格浓郁的历史韵味

材质：地砖的斑驳质感，增添了居室的古典韵味与历史的沧桑感

色彩：孔雀绿色作为餐厅的主体色，与金色搭配，显得高贵而华丽，而白色的调和，则使古典欧式风格空间拥有一份简洁美

配饰：灯具的材质显得尤为可贵，其美观大气的造型使光影效果更加梦幻

材质：人字形铺装的地板，设计层次更加丰富，简单的材质通过施工手法的变换，呈现出饱满而丰富的视觉效果

▲ **色彩：** 孔雀蓝色点缀在以大地色系为主体色的餐厅中，尤为惹眼，其不仅丰富了色彩层次，也提升了古典欧式风格居室的华丽感

家具： 贝壳式的高靠背椅，其线条优美流畅，复古意味浓郁

材质： 大理石装饰的地面华丽感十足，更加突显了古典欧式风格居室张扬、华丽的风格基调

▲ **色彩：** 明亮而温暖的橙色丰富了餐厅的色彩层次

配饰： 暖黄色的灯光与金属框架相搭配的视觉效果奢华而梦幻，突显了古典欧式风格灯具的特点与魅力

材质： 乳胶漆搭配大理石装饰的墙面与地面，形成简洁与奢华的强烈对比，彰显了古典欧式风格的独有魅力

▼ **色彩：** 黑色与灰色被运用在古典欧式风格空间中，视感高级，利用餐具、花艺等元素的颜色作为点缀，也是一种强调风格特点的有效手段

家具： 餐桌椅的样式简洁大方，颜色深浅适度，配上复古的软装元素，让整个餐厅的氛围简洁有序，华丽美观

材质： 具有深浅两种颜色的大理石线条提升了餐厅的空间感，菱形格子在视觉上更有律动感

色彩： 明亮洁净的银色搭配高级感十足的深灰色，让整个空间的氛围显得奢华而大气

配饰： 插花的样式高挑而优美，为整个家居空间增添了一份明艳的美感

材质： 大理石装饰的地面，利用深浅线条修饰，让地面设计呈现出奇妙的3D立体效果

色彩： 以深棕色作为主体色的餐厅，彰显了古典欧式风格低调奢华的一面，小面积的点缀一些明快的颜色，能够美化用餐环境

家具： 餐桌椅的设计造型虽然经过简化，但仍然能感受到古典欧式风格家具精湛的工艺与低调的美感

材质： 温润的原木色地板，为古典欧式风格空间注入了简洁、自然之感

色彩： 暖黄色与白色的搭配作为背景色，再利用华丽的孔雀绿色、明黄色、蓝色等颜色进行补充，营造出一个色彩氛围十分饱满的用餐空间

家具： 古典欧式风格居室中的卡座在细节处添加一些线条进行修饰，以求呈现饱满的视觉效果

材质： 整体空间都采用地板作为地面装饰，视觉整体感更强

▲ **色彩：**棕黄色、孔雀绿色、象牙白色组成的背景色，华丽而明快，配合作为主体色的棕红色，使整个空间的视感多了一份沉稳与低调

配饰：造型古朴的吊灯作为整个空间的主照明，配合射灯进行照明，使整个空间光影层次明亮且丰富

材质：仿古砖有良好的防滑、耐磨性能，十分适合用作餐厅及厨房的地面

▲ **色彩：**黑色与金色的组合成为整个空间配色的焦点，华丽而细腻，视感饱满而充盈，加之浅灰色、浅咖啡色的映衬，使得空间色彩层次更加丰富

家具：餐桌椅的设计线条虽然已经过简化，但仍保留了细节处的雕花装饰，展现出了高雅、复古的古典欧式风格基调

配饰：灯具、花艺的点缀，无一不彰显出古典欧式生活追求视觉饱满，质感丰富的风格基调

材质：木地板装饰的地面，弱化了白色墙面的单调感，为空间提供了一份温润感

◀┈┈┈

色彩：银色作为空间的主体色，奠定了空间的奢华基调，白色、蓝色分别作为背景色和点缀色，使空间拥有了高雅、洁净的美感

配饰：灯具、花艺的点缀装饰，升华了整个空间的艺术氛围

材质：深咖啡色网纹大理石线条的运用，强化了用餐区域的空间感，有效地减少了单一材质的乏味

▼ **色彩：**白色作为空间的背景色，有着很强的表现力和包容性，与灰色的搭配，奠定了空间的背景基调，使古典欧式风格空间更具高雅、纯净之感

配饰：吊灯四周的灯带作为辅助照明，不仅有益于空间氛围的渲染，还提升了顶棚设计的层次感

材质：质感高级的金属壁纸与质感细腻的白枫木护墙板相搭配，在材质和色彩两方面各自形成对比，为古典欧式风格居室带入混搭美感

卧室

古典欧式风格

▶

色彩： 橙色、黑色、银色线条作为空间里的重要点缀，从色彩到造型都深刻体现出古典欧式风格的华丽格调

家具： 软包床的造型宽大舒适，其考究的选材搭配精湛的雕花，彰显了古典欧式风格家具的魅力

材质： 壁纸的肌理质感将空间的选材品位与格调展现得淋漓尽致

◀

色彩： 布艺元素的颜色丰富而饱满，与家具中的白色、棕色、黄色形成鲜明的对比，极富美感

家具： 定制的衣柜不仅满足了日常的衣物收纳需求，且与床头墙的造型形成呼应，让空间的设计更有整体感

材质： 茶色镜面在灯光的映衬下，熠熠生辉，让整个空间都散发着奢华、大气的气息

▲ **色彩：** 浅棕色作为卧室的背景色，创造出一个温暖、慵懒的空间氛围，黄色、白色、蓝色的点缀，丰富了色彩层次，也彰显出古典欧式风格的华丽气质

配饰： 吊灯、壁灯、台灯的组合，从主照明到局部照明，层次丰富，面面俱到，让睡眠空间更加舒适温馨

材质： 壁纸选择了欧式传统的图案纹样，呈现的视感庄重而典雅

色彩： 浅灰色与深棕色组成了卧室的主体色，给人的感觉奢华大气，金色、绿色的点缀，丰富了配色的饱满度与层次感

配饰： 灯具的样式造型十分富有古典韵味，不仅让卧室的装饰元素更加丰富，也加强了整个室内空间氛围营造出的层次感

材质： 运用素色乳胶漆搭配简单的石膏线条来装饰墙面，使古典欧式风格空间显得简洁而富有张力

色彩： 淡淡的粉色窗帘成为室内配色的焦点，为浅色调的空间带入一丝华丽、甜美、浪漫之感

配饰： 素净的空间内，布艺元素的堆砌与装饰，让整个睡眠空间更加舒适、温馨、浪漫。层次丰富的水晶吊灯是卧室装饰中的最大亮点，梦幻浪漫之感油然而生

色彩： 大面积的黄色用在卧室中，呈现的视觉效果甜美而温馨，布艺元素中融入了一些更显华丽的颜色，彰显了古典欧式风格的奢华格调

配饰： 壁灯的样式简洁，为空间带来很强的现代感，简约明亮

材质： 乳胶漆作为墙面的唯一装饰材料，利用颜色的变化来突显设计的用心，同时也有益于空间氛围的营造

▲ **色彩：** 橙色的运用，不仅提升了空间的配色层次感，也为卧室增添了暖意

配饰： 多盏筒灯的组合运用，达到了节能的目的，配合暖色的台灯，整体空间光影氛围更温馨

材质： 棕红色调的木地板搭配几何图案的地毯，视觉冲击力很强，完美诠释出混搭的美感

▲ **色彩：** 银色作为卧室的主体色，奠定了整体古典欧式风格追求奢华的风格基调，加之孔雀蓝色的点缀，丰富了整个空间的配色层次

家具： 精美复古的雕花经过银漆的修饰，呈现的视感更加高级、奢华，完美地诠释出古典欧式风格奢华、贵气的风格特点

材质： 浅棕色的硬包，金属色装饰线，加上对称式设计，彰显出古典欧式风格居室设计的精致感

◀ **色彩：** 白色作为空间内的主体色，给人以典雅、纯净的美感，配合简单的黑色线条，为空间淡雅的格调中带来了一份明快感，空间视觉层次也更丰富

配饰： 暖色调的灯光为卧室空间营造出一个温馨、舒适的氛围，灯具的造型线条优美流畅，复古感十足，完美地展现出古典欧式风格灯具的奢华之美

材质： 印花壁纸的图案精致饱满，搭配细腻的象牙白色护墙板，色彩层次丰富，美观度高

▲ **色彩**：卧室配色以浅色调为主，深色调为辅，这种搭配塑造了很强的空间感，具布艺元素的色彩丰富而华丽，也正迎合了古典欧式风格的配色喜好

家具：小件家具的运用，不只体现在功能上，也使空间的层次与饱满度得到提升，缓解了大空间的空旷感

材质：硬包装饰的墙面，立体感十足，同时还具有良好的吸声功能，为睡眠空间营造出一个更加安宁、静谧的环境氛围

▲ **色彩**：棕色调赋予空间低调内敛的气质，白色和浅粉色的运用，让空间色彩氛围更加柔和，同时也展现出古典欧式风格的精致与柔美

家具：实木家具精美的雕花，彰显了古典欧式风格的奢华格调，从细节处展现该风格浑厚的历史韵味

材质：利用木材的纹理与壁纸的纹样突显空间的古典美感

▲ **色彩**：浅米色作为卧室的主体色，更有益于保证优质的睡眠质量

配饰：吊灯的造型简约大方，水晶流苏元素的装饰，使其呈现美轮美奂的视觉效果

材质：软装的运用，让卧室的墙面设计层次感更加突出，暖暖的色调和家具形成的呼应和对比，让整体视感更显明快

色彩： 棕色、浅灰色、浅咖啡色的组合，色彩层次丰富，视感饱满，金色的修饰显得不可或缺，完美诠释出古典欧式风格的奢华气质

家具： 家具的实木框架运用了大量的金漆进行修饰，配合精美的雕花，完美彰显了古典欧式风格家具奢华、贵气的特点

材质： 硬包与护墙板装饰的墙面，兼备了观赏性与功能性

色彩： 以白色调作主体色的空间，可以运用一些跳脱的颜色进行点缀，以达到丰富空间整体氛围的作用

配饰： 从墙饰、灯具、装饰品等到窗帘、床品，每一件软装配饰都是点缀精致生活的必需品

色彩： 蓝色与金色的组合，将古典欧式风格的华丽与贵气彰显得淋漓尽致，其色彩属性的互补也恰到好处地充盈了视觉饱满度

配饰： 各类灯具的组合是卧室装饰的另一个亮点，美轮美奂的光影效果，营造出一个奢华、大气的空间氛围

材质： 壁纸的图案纹样在光线的映衬下，尽显典雅与精致

▲ **色彩：** 蓝色作为卧室的主体色，分别体现在床品、装饰画、壁纸等元素中，色彩通过不同的材质体现，让整个空间视觉效果更加丰富

配饰： 灯具、挂画以及花艺的装饰点缀，让卧室显得简洁而贵气

材质： 壁纸的颜色清爽洁净，弱化了深色地板的沉闷感

▲ **色彩：** 金棕色作为主体色，配以背景色的白色调，整个空间色彩层次分明，视感简约中流露出轻奢的美感

家具： 墙面利用了空间结构特点设计了壁龛，可以用来收纳或展示一些工艺饰品

材质： 卧室地面选用木地板作为装饰，温和舒适的触感，即使不单独铺设地毯，整个空间也不会显得清冷

▲ **色彩：** 卧室中运用了不同明度与纯度的蓝色作为主体色，分别运用在墙面、窗帘、床品中，色彩层次分明，与背景的白色和木色搭配协调，呈现的视觉效果华丽中流露出柔和的美感

家具： 量身定制的衣柜样式简洁大方，与卧室中其他家具风格形成鲜明的对比，混搭后别具美感

材质： 硬包通过金属线条的装饰，更显简洁利落，立体感更强

▲ **色彩：**白色+浅灰色+浅棕黄色为主体色，整体给人的感觉整洁舒适，适当地融入了少量的金色、紫色，使得整个空间显得贵气感十足

家具：扇尾式高靠背床给人的感觉宽大、舒适

材质：浅色壁纸搭配白枫木板，质感柔和，与深色地板相搭配也很和谐，让卧室整体给人的感觉安逸、自在

色彩：床品选择了华丽的金棕色与洁净柔和的奶白色，颜色深浅对比明快，柔软舒适的触感提升了睡眠空间的舒适度

配饰：幔帐让卧室的浪漫感十足

材质：木质格栅装饰的顶棚更有层次感，其白色饰面也更加突显了材质的细腻感与美观度

色彩： 金棕色+米色+浅灰色作为卧室的配色，视觉效果十分温婉而高级

家具： 兽腿式家具是古典欧式风格家具的经典之作，使整个空间都散发着浓郁的复古气息

材质： 浅色玻化砖装饰的地面，柔和的色调及清晰的纹理洁净而贵气

色彩： 浅色调作为卧室的主体色，整体给人的感觉简洁、柔和，窗帘、床品、灯具、花艺的颜色比较丰富，装扮出一个精致又浪漫的居室空间

配饰： 烛台式水晶吊灯营造的氛围梦幻又浪漫，同时也为空间增添了奢华的气质

材质： 壁纸的纹理及图案在灯光的映衬下显得更加精美，其复古的图案也为空间增添了一份古典气息

▲ **色彩：**以金棕色、浅灰色、白色作为主体色的卧室，给人呈现的视觉效果简洁而大气，一抹亮丽的黄色点缀其中，显得格外明艳动人

配饰：布艺元素的图案纹理丰富，带有浓郁的复古韵味

材质：木地板的纹理丰富饱满，为卧室带来无限的暖意

◄ ┈┈┈

色彩：淡淡的米色作为背景色，简约而雅致，浅粉色、金色、灰色的运用，为这个温婉的空间增添了一份大气与精致之美

配饰：装饰元素中带有大量的金属元素，展现出古典欧式风格居室特有的轻奢格调

材质：软包不仅能美化环境，还能使居室显得温暖和舒适

▲ **色彩：** 棕黄色床头墙与床的灰蓝色组合，色彩层次分明，呈现的视觉感内敛奢华

家具： 定制的家具让飘窗的一侧墙面得以利用，丰富了卧室的储物空间

材质： 人字形铺装的木地板，看起来比传统铺装方式更有层次感与活力

▲ **色彩：** 床品的颜色是卧室配色中最出彩的地方，更换方便，效果突出

家具： 软包床的舒适度比传统实木床更佳，更有益于营造温馨、舒适的空间氛围

材质： 壁纸与护墙板装饰的墙面，其凹凸造型让空间立体感得到提升，也更加体现了壁纸的唯美视感

▲ **色彩：** 以浅色调作为背景色的卧室，给人呈现的视觉感简洁、舒适，蓝色、棕色的运用，则有效突显了古典欧式风格空间的华丽与大气

配饰： 墙饰、灯饰、花艺等装饰元素，丰富了空间的内涵与美感，使空间极具古典欧式风格的华美与风情

材质： 木线条的装饰让墙面看起来更有立体感，也更加突出了壁纸的美观度

古典欧式风格

「书房」

色彩： 金棕色、草绿色的运用，弱化了深色调的沉闷感，让整个空间的配色效果在华丽低调中带有一丝清爽之感

家具： 矮凳的补充，丰富了书房的功能，其清新的色彩让整体氛围华丽且不失清雅之感

材质： 壁纸的质感突出，其浅色调的配色与家具的深色形成对比，突出了家具的质感

色彩： 家具的色彩与书房整体色调形成深浅对比，金色的点缀则提升了空间装饰的华丽感

家具： 金漆雕花的木质家具，线条优美，彰显着古典欧式风格家具奢华大气的格调

材质： 木地板搭配精致的地毯，突显了硬装选材与软装元素之间搭配的协调感

色彩： 利用浅色作为背景色，很好地包容了深色家具带来的沉闷感，还突显了家具的质感，让空间更具格调

家具： 利用墙体结构设计的书柜，不仅节省空间，还能使收纳空间得到扩充

材质： 原木色地板给人的感觉自然质朴，在温暖的阳光的映衬下，使整个空间更温馨

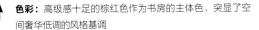

色彩： 高级感十足的棕红色作为书房的主体色，突显了空间奢华低调的风格基调

家具： 实木家具的线条优美流畅，精美的雕花也彰显了古典欧式风格家具的独特魅力

材质： 棕红色木地板上清晰的纹理使其呈现的视觉效果更加温暖、华丽

色彩： 象牙白色与深棕色形成深浅颜色对比，在金色线条的勾勒下，整体视觉效果更加优雅和高贵

家具： 书房家具采用双一字形布局，简洁优雅的象牙白色书柜，让大面积柜体的视感更轻盈，不显压抑

材质： 木地板进行了做旧处理，深浅颜色的交替运用，层次更丰富，质感也更突出

色彩： 棕红色、黑色作为书房的主体色，呈现的视感低调中带有华丽感，再利用白色进行点缀与调节，可为古典欧式风格空间带来简约、洁净的美感

家具： 书柜作为书房的主角，其精美的柜体以及其中丰富的藏品使整个空间的书香气息更加浓郁

材质： 条纹壁纸装饰的墙面，视觉上更有层次感，也突显了空间的复古基调

▲ **色彩：** 简洁纯净的象牙白色作为书房的主体色，彰显出古典欧式风格的轻奢美感，花艺、灯具、绿植以及书籍等元素的颜色都是空间中的点缀色，使整个空间的色彩更有层次、更饱满、更丰盈

家具： 象牙白色饰面的家具使空间呈现的视觉效果简约纯净，精美的金属雕花更加突显了古典欧式风格家具的奢华美感

材质： 原木地板是增添居室自然感的极佳装饰材料

▶ **色彩：** 黑色与任何一种颜色都能形成对比，让整个居室的配色也更显明快

家具： 简单的家具布置，保证了书房的基本使用功能，合理的布局，也使小空间的动线更加流畅

材质： 印花壁纸与白色护墙板装饰的墙面相搭配，层次丰富，质感突出

▲ **色彩：** 在以浅米色作为主体色的书房中，黑色线条的装饰与点缀成为提升空间色彩层次感的关键

家具： 定制的书柜运用了灯带作为装饰，增添了视觉上的轻盈感与层次感

材质： 黑色木质线条使圆弧形顶棚看起来更有层次感，空间感也更强

▲ **色彩：**深棕色作为书房的主体色，配上暖色灯光，空间整体视感梦幻而富有复古的华丽感

家具：烤漆实木家具通过金色线条的修饰，奢华感更加突出

材质：顶棚的圆弧造型在组合灯具的衬托下，层次更显丰富，设计感也更突出

▲ **色彩：**在以棕黄色、黑色作为主体色的空间中，主体色的沉稳使空间的基调更加内敛、深沉，金色、银色、绿色等色彩的点缀，更显配色的大胆与奢华之感

配饰：仿动物皮毛的地毯，为古典欧式风格空间带入一份粗犷、原始的美感

◄ **色彩：**黑色与白色的对比简洁而明快，配合墨绿色、金棕色的点缀与辅助，增添了空间色彩的古典韵味

家具：弯腿样式的家具，没有复杂的雕花装饰，优美流畅的线条使古典欧式风格的基调得以体现

材质：彩色壁纸的使用面积虽然不大，却成为书房装饰的一个亮点

▲ **色彩**：浅紫色的布艺窗帘成为室内配色的焦点，在提升了整体色彩层次感的同时，也营造出一个梦幻而浪漫的空间氛围

家具：做旧的实木家具出现在古典欧式风格空间中，为其融入了一份历史的沧桑感

材质：层次丰富的石膏线条，让设计层次简洁的顶棚看起来更有层次感，也使其与墙面的过渡更具美感

▲ **色彩**：浅咖啡色作为背景色，使深棕色与白色的对比所呈现的视感柔和了许多

配饰：丰富的藏品，使空间装饰看起来更加丰富，营造出华美的视觉感

材质：实木地板的色调柔和，同墙面的壁纸在颜色与质感上分别形成呼应，呈现出温馨、淡雅的空间氛围

▲ **色彩：** 浅墨绿色作为书房的背景色，为书房营造出一个十分静谧的空间氛围

家具： 高靠背椅的样式颇为复古，舒适宽大的造型也更适合在书房中使用

材质： 样式简洁大方的木质推拉门，成为书房与卧室的间隔，其材质的通透感缓解了小书房的紧凑感

▲ **色彩：** 黑色作为空间的主体色，运用金色和白色进行调和，色彩层次分明，也缓解了深色家具的沉闷感

家具： 深色书柜通过暖色灯带的点缀，视感柔和了许多，这样的搭配也提升了空间装饰的美观度与奢华感

配饰： 浅色地毯的运用，提升了空间配色的层次感，其丰富的纹理也让室内装饰的美感得到了提升

玄关走廊

NO.6

色彩：红色在玄关的使用面积不大，但却是最夺目的点缀色

配饰：装饰画、花艺以及装饰品等软装元素的运用，丰富了空间装饰的美感与精致感

材质：深色踢脚线与浅色地砖的组合，形成深浅颜色的对比，使玄关的空间感更强

色彩：白色代表着简洁与纯净，作为背景色，彰显了古典欧式风格独特的风格魅力

配饰：镜面让灯光的效果更丰富，营造出一个颇具梦幻效果的居室氛围

材质：大理石拼花的地面带来华丽而精致的装饰效果，彰显了古典欧式风格设计的精细与选材的考究

色彩：孔雀绿色作为玄关的主体色，给人带来的视觉冲击感很强，配合装饰画、花瓶等元素的点缀，整个空间的配色效果十分饱满

配饰：植物题材的装饰画，成为玄关处装饰的焦点，提升了空间的艺术氛围和色彩层次感

材质：仿古砖与花砖的组合运用，增强了玄关的空间感

色彩：浅米色作为空间的主体色，使整体格调十分淡雅温馨，其间少量深色的点缀是提升色彩层次感的关键，同时也可以缓解大面积浅色的单调感

配饰：以暖色为背景色的空间选择了亮白色灯光，打造出一个明亮而华丽的空间

材质：印花壁纸装饰的中景墙，在灯光的衬托下，其质感与图案都显得格外美观

色彩：浅咖啡色+深蓝色+白色+金色组成的配色方案，呈现的视感明快中流露出一份奢华之感

家具：收纳柜的装饰图案梦幻而丰富，不仅提升了空间装饰的美感，还突显了生活的趣味性

材质：大理石装饰地面，其简洁通透的质感十分突出，呈现的视觉感也相当高级，更加突显了古典欧式风格选材的细腻

色彩：肉粉色、深蓝色、白色组成的配色方案，色彩层次明快且不失柔美之感

配饰：颜色丰富的装饰画，不仅提升了空间装饰的美感，也极好地丰富了色彩层次

材质：通体选用米色地砖装饰地面，简洁通透的质感让空间更显开阔

▲ **色彩：** 银色+灰色作为空间的主体色，营造出一个睿智而大气的空间氛围，黄色的点缀显得尤为惹眼，让空间有了一份明艳动人之感

家具： 银色收纳柜的整体造型简洁大方，其上传统图案的装饰，更加彰显了古典欧式风格家具的华美特质

材质： 地面装饰材质的变化，在视觉上强化了空间感

▲ **色彩：** 深浅咖啡色作为走廊的主体色，层次分明，也让古典欧式风格的奢华与大气得以展现

家具： 无缝饰面板作为柜体的面板，呈现的视感华丽而有整体感

材质： 深咖啡色网纹大理石装饰走廊地面，彰显了古典欧式风格居室磅礴大气的美感

▲ **色彩：** 深棕色的运用，使空间呈现出低调、奢华的气质

家具： 烤漆饰面的家具，通过金色线条的装饰，低调内敛中透着华丽之美

材质： 浅色乳胶漆与白色护墙板的组合，其凹凸的造型极具立体感，不仅丰富了墙面设计，也彰显了古典欧式风格追求精致的风格特性

▲ **色彩：** 以米色与原木色作为主体色的空间中，不同深浅的蓝色点缀其中，既丰富了色彩层次又使整个空间氛围明快许多

家具： 中景墙前摆放了一张可用于收纳或展示的边桌，兼备了功能性与装饰性，是小户型居室家具的最佳选择之一

材质： 地板经过切割后，运用了人字形铺装方式，呈现的视觉效果更有层次

色彩： 金棕色是空间内的主体色，配合背景的白色与浅灰色，色彩层次清晰，将古典欧式风格华丽、细腻的特质展现得淋漓尽致

配饰： 造型层次丰富的布艺窗帘赋予空间层次感与美感，精美的流苏元素也突显了古典欧式风格布艺精致、华丽的特性

材质： 护墙板虽然没有搭配复杂的装饰雕花，但就其简约的直线条呈现的层次感也很丰富，营造出一个简洁、纯美的空间

色彩： 棕红色作为主体色，让整个居室在显得低调内敛的同时又带有奢华之感

配饰： 花艺与灯具成为整个空间装饰的亮点，丰富的光影层次营造出一个美轮美奂的空间氛围

材质： 大理石拼花的纹样十分复古，彰显了整个家居空间的古典韵味

色彩： 灰蓝色与米白色的组合，色彩过渡和谐，营造出一个简约而又奢华的空间氛围

配饰： 中景墙悬挂的装饰画在灯光的映衬下，为空间带入一份神秘感与浓郁的后现代艺术感

材质： 走廊地面的拼花相比客厅与餐厅，简化了许多，附和了空间简约大气的基调

第 2 章

现代欧式风格

「定位」 NO.1

现代欧式风格色彩怎么搭配

现代欧式风格的色彩简约中带有柔美、华丽的格调，常用的配色方案有白色系、无彩色+紫色、紫色、茶色、无彩色+蓝色、米色系等。

一看就懂的
现代欧式风格色彩

背景色的选择

现代欧式风格的配色不宜以过于厚重、华丽的色彩为主体色，因此，背景色可选择暖白色、奶白色、象牙白色等较为明快的白色系来装饰空间，以此营造出一个简洁、舒适的居室氛围。

• 浅咖啡色与白色作为背景色，营造的氛围简洁、明快

主体色的选择

现代欧式风格简化了古典欧式风格的配色方式,白色、金属色、暗暖色等常见的颜色都可以作为主体色,这样更有益于营造一种素雅、轻奢的空间氛围。

• 暖暖的粉色皮质沙发,与背景的白色组合在一起,视感柔和、素雅

点缀色的选择

孔雀绿色、宝蓝色、紫色、茶色、咖啡色等古典色系,可以有效地提升空间色彩的层次感,为现代欧式风格空间增添一份大气、典雅的美感。

• 蓝色和棕黄色作为点缀色,不仅呼应了空间配色的主题,还在简洁、明快的色彩环境中增添了一份暖意与稳重感

现代欧式风格家具怎么选

现代欧式风格更多地表现为实用性和多元化，它秉承了古典欧式风格的优点，彰显出欧洲传统的历史痕迹和文化底蕴，同时又摒弃了古典欧式风格过于繁复的装饰，以现代简约的线条为基础，打造出简洁大方又不失华美的居室氛围。

一看就懂的
现代欧式风格家具

家具的总体特点

现代欧式风格家具的造型大多是以直线和矩形为基础，并把椅子、桌子、床等家具的柱腿设计成或带有直线凹槽的圆柱形，或纤细的弯腿形，家具风格整体呈现复古又具有现代简约的美感。

• 沙发的样式简洁、大方，华丽的配色与考究的选材，呈现出现代欧式风格家具的迷人魅力；并排放置的高靠背椅虽然造型经过简化，但依旧蕴含了欧式古典家具的风韵，给人的感觉典雅、大气

家具颜色的选择

白色、奶白色、咖啡色、黄色、绛红色等暗暖色调是现代欧式风格家具比较偏爱的颜色。此外，黑色、灰色、棕色等稍有重量感的颜色也会被运用在沙发、茶几、床等大型家具中。

• 家具的颜色与背景色形成鲜明对比，惊艳了整个空间

• 单人沙发选择了高级感十足的孔雀绿色，完美地诠释了现代欧式风格家具华丽的色彩格调

家具材质的选择

现代欧式风格家具的选材比较丰富，主要有木材、石材、玻璃、铁艺、布艺、皮革等。运用时也会有木材+布艺、木材+真皮、石材+铁艺、铁艺+玻璃等多种组合方式。

• 皮质沙发是现代欧式风格家居里较为经典的家具之一，考究的选材搭配经典的配色，大气十足

经典家具单品推荐

• 皮质休闲椅

• 边桌

• 收纳柜

• 三层收纳柜

现代欧式风格灯具怎么选

现代欧式风格灯具的外形摒弃了古典欧式风格灯具的繁复造型，更不同于古典欧式风格的雍容华贵，它的造型简约、大方。在材料选择上也很考究并多元化，如铁艺、布艺、陶瓷、水晶等，色调古朴淡雅，十分符合现代人的审美。

一看就懂的
现代欧式风格灯具

灯具的样式及造型

现代欧式风格自由随性，不拘谨，造型简洁、线条流畅，选材考究，材质丰富，既有现代主义的简约美感，又有古典主义的精致内涵。

• 陶瓷台灯

经典灯具单品推荐

• 铜质落地灯

• 水晶台灯

• 陶瓷台灯

• 铜质吊灯

• 水晶吊灯

现代欧式风格布艺织物怎么选

现代欧式风格布艺元素的色彩、花色图案的选择，主要是根据室内硬装和墙面的色彩来确定，以温馨、舒适为首要原则。如淡雅的碎花布料比较适合浅色调的家具；墨绿色、深蓝色等色彩的布料对于深色调的家具是最佳选择。布艺面料的材质多以华丽的织锦、绣面、丝缎、薄纱、棉麻为主。

一看就懂的
现代欧式风格布艺织物

布艺织物的常见图案

大马士革、佩斯利、卷草纹、鸢尾等传统图案，也很符合现代欧式风格大方、华丽的特点。除此之外，菱形也是现代欧式风格居室中较为常见的装饰图案，除了被运用在布艺织物上，在饰品、镜面、软包、壁纸、地砖上都能见到。

• 纯色布艺床品中添加了带有动物图案的抱枕及玩偶，为空间营造出唯美的意境

常见布艺织物图案推荐

• 佩斯利图案床品+几何图案抱枕

• 贝壳图案抱枕

• 几何图案毛毯

• 欧式花边地毯

• 卷草纹图案地毯

现代欧式风格花艺、绿植怎么选

现代欧式风格追求自由、简约、轻奢的美感,在这样的环境氛围下,适合摆放的花艺、绿植很多,在保证居住健康的前提下,可以根据个人的喜好来进行点缀、装饰。

一 看 就 懂 的
现代欧式风格植物

• 蝴蝶兰的枝条曼妙多姿,搭配花型饱满的玫瑰,呈现的视觉感分外娇艳动人

花艺、绿植的陈设原则

现代欧式风格居室中陈设花艺、绿植选择的自由度很高。如果想营造奢华氛围可以选择花型饱满的玫瑰、向日葵;如果想要营造田园氛围,可以选择小雏菊、薰衣草、风信子、豌豆花等花型较小的品种;如果想要提升空间美感,百合、跳舞兰、剑兰等花种是不错的选择。

经典花艺、绿植推荐

• 多头植物

• 白色洋桔梗+凤尾草

• 尤加利

一看就懂的
现代欧式风格饰品

现代欧式风格饰品怎么选

现代欧式风格居室中的饰品选择十分考究，讲求营造一种休闲、精致的氛围。在饰品的陈列上要注意构建丰富的层次感，遵循简约而不简单的搭配原则。

饰品的特点

现代欧式风格居室整体给人的感觉是简洁、大方，所以饰品通常会选择金属、玻璃、陶瓷等材质，这些材质的特点是线条简洁、色彩单一。不同材质、同一色系的饰品放在一起进行组合陈列，不必追求数量，就可以让人产生一种富有时代感的意境美。

现代欧式风格饰品推荐

• 铁艺摆件+装饰相框

• 装饰画+树脂摆件

• 现代装饰画

• 太阳造型墙饰

• 陶瓷摆件

现代欧式风格装饰材料怎么选

相比古典欧式风格追求奢华的装饰效果，现代欧式风格居室的选材则更偏向于材料的实用性。木材会选择胡桃木、桦木等质感清新的木种，并舍去了烦琐复杂的雕花装饰，给人的感觉更加贴近自然。

一看就懂的现代欧式风格装饰材料

材料质感的特点

现代欧式风格的选材以实用性和多元化为主，石材、镜面、金属线条一类视感硬朗的装饰材料十分常见，更有利于营造现代欧式风格简约、大方、轻奢的居室氛围，同时为了避免材料的硬冷质感，通常会与木材、壁纸、软包等质感柔和、纹理自然的装饰材料组合运用，以求视觉上的平衡美感。

• 镜面与金属线条，利落的直线条，干净的配色，彰显了现代欧式风格的大气之美

材料颜色的选择

现代欧式风格居室内，装饰材料的颜色选择一般不会超过三种，其中浅灰色、浅棕色、浅咖啡色或白色调等一些简洁、干净的颜色最为常见，与硬装中简洁利落的设计线条组合在一起，为现代欧式风格居室创造出简洁大方又不失华美的居室氛围。

• 大理石装饰空间，给人大气、利落的感觉，深灰色的衬托让白色纹理更清晰，观赏性更强

特色材料的组合推荐

• 木纹大理石+金属线条+木饰面板，冷暖材质相互衬托，让整个空间呈现的视觉感饱满而丰盈

• 镜面能起到扩充空间视觉感的作用

• 软包+木线条+壁纸，软包增强了墙面设计的立体感，搭配同色调的木线条以及壁纸，微弱的色彩差异让多种材质的组合更和谐

• 软包+镜面，同色调的软包与镜面组合在一起，完美地提升了材料搭配的层次感

现代欧式风格

「客厅」

▲ **色彩**：洁净的大理石能增添空间奢华的视觉感，布艺元素中的蓝色、黄色在浅色调的空间内显得特别出挑，配色层次更加分明

配饰：大块地毯的运用，其沉稳华丽的色调让空间氛围更加庄重，其柔软舒适的触感也提升了客厅的舒适度

材质：无缝饰面板与烤漆玻璃的组合，让沙发墙的设计简约又不失层次感

▲ **色彩**：浅灰色与蓝色的配色组合，完美地诠释出现代欧式风格配色的轻奢美感

家具：真皮沙发是客厅装饰的焦点，其华丽的色调、舒适的触感、宽大的造型，彰显出现代欧式风格家具的时尚与大气之美

材质：大理石能带给人简洁华丽的视感，与木饰面板的组合，在质感与颜色两个方面分别形成对比，尽显现代欧式风格的独特魅力

色彩： 蓝色让客厅呈现的氛围更安逸、神秘，浅米色沙发与其形成鲜明的对比，柔和中流露出一丝清爽之意

配饰： 条纹地毯的运用，不仅丰富了地面的设计感，还能缓解地砖的冷硬之感

材质： 木纹大理石装饰的电视墙，纹理清晰，视感高级

色彩： 白色作为空间的主体色，分别被运用在家具、墙面、顶棚上，让客厅看起来更加简洁，金色、绿色的点缀补充，缓解了白色的单调感，让客厅的整体配色简洁、华丽、清爽

配饰： 射灯更有利于营造空间氛围，搭配吊灯的暖色光线，光影层次显得更加丰富

材质： 洁净的大理石增强了空间的轻奢之美

▲ **色彩：** 粉色+蓝色+金色作为空间的主体色，营造出一个唯美、浪漫的空间氛围

家具： 绒布饰面的沙发和单人座椅，呈现的视觉感十分高级，加上其复古的造型，尽显现代欧式风格家居的轻奢美感

材质： 简约的石膏线条勾勒出电视墙的层次感，呈现简单而不失精致的视觉感

▲ **色彩：** 棕红色给人的视觉感华丽而内敛，非常符合现代欧式风格的特质

配饰： 装饰画、插花、装饰摆件等软装元素的装点，营造出一个精致、优雅的家居空间

材质： 壁纸的立体花纹在灯光的映衬下显得更加精致美观，经典的传统图案也为室内增添了一份复古感

▶ **色彩：** 金色的修饰与点缀，为清爽、简约的空间配色增添了华丽感，也将现代欧式风格轻奢、精致的风格特点展现得淋漓尽致

家具： 长短沙发组成L形的布局，比较适用在方形的客厅中，深蓝色的单人椅起到补充空间功能的作用

材质： 灰色调的木饰面板不仅提升了电视墙的层次感，与垭口处的造型形成呼应，让整体空间设计更有统一感

▶ **色彩：** 浅米色作为客厅的主体色，运用简单的黑色线条作为装饰，丰富色彩层次，增添视觉明快感，橙色、孔雀绿色等华丽色调的点缀，丰富了视感，提升了配色的饱满度

家具： 沙发的设计线条优美流畅，其复古的造型为现代欧式风格空间带入复古的美感

材质： 大理石的运用彰显了现代欧式风格居室奢华、大气的气质，层次丰富，视感极佳

▲ **色彩：** 金色、黑色以及墨蓝色的点缀，缓解了浅棕色的单调与沉闷之感，让整个空间配色显得华丽而大气

配饰： 灯带的运用突出了顶棚的设计感，配合吊灯的暖色光源，装饰效果层次丰富，视感华丽

材质： 硬包与木饰面板装饰的电视墙，通过材质与颜色的变化，呈现的视觉效果更有层次

▲ **色彩：** 浅灰色作为主体色，分别被用在地毯、沙发、背景墙，通过材质的变化，体现层次，营造出一个优雅、柔和的居室氛围

家具： 家具的样式简洁大方，L形的结构布局动线流畅

材质： 软包通过金属线条的修饰，视觉效果更突出，营造出一个优雅而大气的居家环境

▲ **色彩：** 宝蓝色+墨绿色+浅灰色的配色，低调中流露出现代欧式风格的奢华之感

家具： 客厅的家具十分富有质感，沙发选择视感高级的绒布饰面，突显了现代欧式家具的华丽基调

材质： 中花白大理石装饰了整个电视墙，其通透的质感、丰富的纹理，奠定了空间简约而精致的基调

▲ **色彩：** 象牙白色给人带来洁净、柔和的美感，橙红色、黑色、金色的点缀与修饰，提升了配色层次感，也让整个空间的视觉效果更加饱满、丰富

家具： 定制的收纳柜取代了传统的电视墙，为客厅提供收纳与展示物品的空间，增添生活趣味性

材质： 木地板缓解了墙面大理石的冷硬之感，为室内空间营造出温暖、舒适的氛围

▲ **色彩：** 黑色来装饰地面，可使空间氛围具有庄重之感，同时还能缓解大量浅色呈现的单调之感

家具： 电视柜被设计成欧式壁炉造型，其精美的雕花加深了空间的复古韵味

材质： 乳胶漆的颜色柔和而简洁，简单的材料给人呈现出温柔的视感

◀······

色彩： 金棕色抱枕与浅米色布艺沙发的搭配，让空间舒适感倍增的同时也展现出空间的奢华特点

家具： 金属支架搭配通透的玻璃面板，造型简约却美观大气，彰显了现代欧式风格家具的独特魅力

材质： 浅色软包与深色护墙板的组合，兼具了装饰性与功能性

▲ **色彩：** 灰色成为室内配色的焦点，不仅丰富了色彩层次，也增添了视觉高级感

家具： 米色调的沙发配上丰富的布艺装饰，让客厅显得温暖而时尚，是现代欧式风格的经典搭配

材质： 简洁通透的大理石装饰了整个客厅的地面，展现出现代欧式风格居室简约大气的魅力

▲ **色彩：** 金色体现在家具以及布艺元素中，少量而精致的点缀，使空间氛围显得大气十足

家具： 家具的设计中添加了一些复古元素，成为室内装饰的点睛之笔，也彰显出古今混搭的独特魅力

材质： 大理石被运用在墙面和家具中，其华丽的视感，为居室带来一份轻奢之美

▲ **色彩：** 蓝色+白色的搭配给人的感觉清爽又明快，简单的黑线条装饰出更具时尚感的居室空间

配饰： 布艺元素的装点，不仅增强了客厅的舒适感，也让配色效果得到提升

材质： 简单的石膏线条让浅色乳胶漆装饰的墙面拥有了立体感与层次感

▲ **色彩：** 高级灰色作为客厅的主体色，奠定了客厅的时尚基调，蓝色、橙色形成的互补，增添了居室配色的活跃感，营造出一个充盈而饱满的空间

家具： 单人椅和小边几的补充运用，不仅提升了待客的舒适度，同时其配色也发挥了不可忽视的装饰作用

材质： 密度板搭配简洁的金属线条，让沙发墙的设计显得时尚同时又流露出轻奢之感

▲ **色彩：**浅米色作为主体色，使整个客厅空间的氛围舒适、大气，少量的金色及明亮的暖色点缀其中，整个空间华美而轻奢的视感油然而生

配色：从装饰画、灯具到花艺、工艺摆件，每一处细节的设计，都彰显了现代欧式风格的唯美格调

材质：壁纸的纹理在灯光的照射下，质感更突出，金属线条则赋予墙面立体感与精致感

▲ **色彩：**黄色、蓝色、绿色的点缀，活跃了整个空间的色彩氛围，弱化了同色调的单调感

配饰：水晶吊灯为客厅带来璀璨梦幻的美感，与灯带配合，光影层次更加丰富

材质：软包装饰的沙发墙，中间穿插了镜面作为点缀，使装饰效果更有层次感

▼ **色彩：**以灰色+白色+黑色为主体色的客厅，完美诠释出现代欧式风格的魅力与格调，深棕色则为空间增添了一份温馨之感

家具：家具的样式摒弃了烦琐的设计，简化的造型更符合人体工程学，兼备舒适度与美感

材质：爵士白大理石能给人带来简约、精致的美感，用在现代欧式风格空间中，很契合其追求轻度奢华的风格基调

▲ **色彩：**地板的颜色成为室内最深的颜色，不仅为空间奠定了沉稳的基调，还能为以浅色调为主体色的空间带入无限的暖意

配饰：装饰镜面的造型新颖别致，其考究的金属边框在灯光的映衬下显得熠熠生辉，十分华丽

材质：简单的线条让密度板的装饰效果更具立体感，简约中流露出精致的美感

▶ **色彩：**孔雀蓝色、明黄色等颜色的组合，层次丰富，视感饱满，烘托出现代欧式风格配色的华丽感

家具：布艺沙发柔软舒适，宽大的造型也为空间增添了一份休闲感

材质：花式石膏线条的运用，彰显了现代欧式风格家居装饰的精致与唯美

▲ **色彩：** 浅黄色作为背景色，营造出舒适的氛围，再融入高级感十足的灰色，整体装饰效果呈现出一种内敛而理性的美感

配饰： 绿植的装饰，能为空间融入一份清新的自然之感

材质： 大理石装饰的电视墙，是室内最吸睛的设计之一，简约而大气

▲ **色彩：** 浅咖啡色作为客厅的主体色，彰显出现代欧式风格简约柔美的一面，少量深色的点缀，能起到弱化单调感的作用

配饰： 客厅的光影层次十分丰富，为空间氛围带来浪漫之感

材质： 木地板的纹理清晰而丰富，配上大块地毯，突显了现代欧式风格居室的时尚与精美

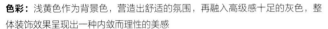

▲ **色彩：** 蓝色的点缀，突显了浅色背景的洁净感与明快感，与黄色形成的互补，使空间的配色更有层次感，色彩氛围更饱满丰富

家具： 皮质沙发、高靠背椅的样式造型都带有古典家具的风格，复古意味浓郁，古今元素的融合彰显出现代欧式风格的魅力与美感

材质： 视感纯净大气的爵士白大理石让电视墙的存在感更强，仿壁炉的造型也迎合了现代欧式风格的装饰特点

▲ **色彩：** 浅棕色作为客厅的主体色，彰显出现代欧式风格的轻奢美感，运用少量黑色、金色线条进行勾勒与修饰，整体装饰效果层次更分明，视感更高级

家具： 小件家具的补充，兼具了功能性与配色的美观性，营造出一个有趣而丰富的待客空间

材质： 肌理造型的密度板装饰了整个沙发墙，丰富的层次更加突显了现代欧式风格设计的用心与讲究

◄ **色彩：** 浅米色作为背景色，缓和了沙发与电视柜在颜色方面的深浅对比，使空间的整体配色更显和谐

配饰： 装饰画的颜色丰富而饱满，既丰富了空间的色彩层次，又提升了整体空间的艺术氛围

材质： 镜面在现代欧式风格居室中的运用十分多见，其既可以提升空间设计感，也能在视觉上使空间产生扩张感

色彩： 酱红色布艺沙发的做旧效果，为空间奠定了一个沉
稳而复古的空间基调

家具： 小件家具的运用，不仅强化了空间的使用功能，还
能在一定程度上缓解空间的空旷感，使客厅给人的感觉更
加饱满充盈

材质： 亚光地砖的质感更突出，避免产生光污染，使居住
环境更舒适

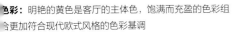

色彩： 明艳的黄色是客厅的主体色，饱满而充盈的色彩组
合更加符合现代欧式风格的色彩基调

家具： 根据日常使用需求量身定制的电视柜，让居家收纳
不再是难题

材质： 爵士白大理石在灯光的衬托下，其清晰的纹理和通
透的质感所呈现的视觉效果更加高级

▲ **色彩：** 互补色的运用提升了空间配色的层次感，增添了居室活力，提升了视觉饱满度

配饰： 丰富的装饰品起到美化空间的作用，装点出精致、有品位的现代欧式风格客厅

材质： 金属线条的运用不仅提升了墙面的设计感，还与家具中的金属元素形成呼应，完美诠释了空间设计搭配的协调感

◄ **色彩：** 点缀用的蓝色，与作为背景色和主体色的白色形成鲜明的对比，提升了色彩层次感，也活跃了空间氛围，金色的辅助点缀则增添了居室的华丽感

配饰： 墙饰是客厅装饰的一个亮点，别致的造型呈现的视觉效果也更有个性

材质： 电视墙用可吸声、隔声的硬包作为装饰，不仅美化了空间，其良好的功能性也能让家居生活更舒适

◄ **色彩：** 黄色与蓝色的运用面积虽然不大，却为空间配色起到画龙点睛的作用，让空间氛围活泼不显单调

家具： 单人椅、矮凳等小件家具的运用，不仅提升了色彩层次感，也让空间功能得到了完善

材质： 爵士白大理石装饰了客厅主题墙，使整个空间简洁大气之美油然而生

色彩：布艺元素的颜色丰富多彩，缓解了浅色的单调感，营造出一个活泼而富有生趣的空间氛围

配饰：装饰画铺满整个沙发墙，为小空间带入浓郁的艺术气息

材质：顶棚局部使用了金属壁纸作为装饰，在灯光的衬托下显得熠熠生辉

色彩：低明度、高纯度的蓝色作为主题墙的配色，与浅灰白色形成对比，让居室的配色看起来十分的丰富而饱满

家具：组合茶几经过黑白撞色处理，其简单的造型在大理石的映衬下，显得大气十足

材质：肌理壁纸搭配护墙板，突显了沙发墙的设计层次感

色彩：灰色与蓝色作为客厅的主体色，让空间更显时尚，黑色的运用，提升了空间的色彩层次感

配饰：客厅从装饰画、插花、灯具、工艺饰品等软装元素细节上装点出一个更加精致和亮眼的居室空间

材质：大理石装饰的主题墙，其简洁、细腻、通透的质感突显了现代欧式风格居室追求大气与华美之感的风格基调

現代欧式风格

NO.3

「餐厅」

▲ **色彩：** 蓝色与浅灰色组合呈现的视觉感十分高级，颜色的对比也形成了一种独特的协调感
家具： 根据空间的结构特点，选择的长方形餐桌能满足多人同时用餐的需求，家具选择靠墙摆放，动线更畅通
材质： 镜面是弱化空间局促感的最佳利器

▼ **色彩：** 孔雀绿色+白色组成了餐厅的主体色，其颜色对比明快又和谐，让整个空间都散发着一股神秘的奢华感
配饰： 烛台式吊灯既能保证空间拥有舒适的照明，又能为空间提升美感
材质： 浅色地砖给人带来整洁光亮的视觉感，非常符合现代欧式风格追求简约的风格特性

色彩： 米白色作为主体色，分别被用在背景墙及餐桌面上，使整个空间看起来更显整洁、干净，浅灰色和黑色的运用，既能丰富色彩层次，也使空间配色效果更佳

家具： 利用结构特点，在墙面打造了嵌入式收纳柜，提升了空间的收纳功能

材质： 地砖深浅颜色的组合，突显了地材铺装的层次感与美观

▲ **色彩：** 浅色作为餐厅的主体色，让整个空间给人以整洁、干净的感觉，地面的原木色使空间氛围显得十分温暖

家具： 餐厅家具简约的造型、优雅的配色，让其成为居室内的绝对的主角

材质： 原木色地板顺纹理的铺装方式加强了视线的延伸感，使空间看起来更显开阔

▲ **色彩**：浅米色能营造出一个柔和、舒适、干净的空间氛围，很适合用在餐厅配色

配饰：同色调为主色调的空间中，插花、装饰品，甚至是餐具都能成为提升色彩层次感的关键

材质：浅色乳胶漆视感柔和、质感细腻，用来装饰面积较小的空间再合适不过了

▲ **色彩**：低明度、高纯度的蓝色与黑色提升了室内配色的层次感，突出了现代欧式风格居室低调、华丽的气质

家具：餐椅的样式略微复古，其米白色的皮革饰面搭配黑色实木框架，显得典雅大气，展现了古今混搭的魅力

材质：地面大理石完美地诠释出现代欧式风格的轻奢气质

▼ **色彩**：灰色调给人带来视觉上的高级感，通过深浅变化体现了层次感，也为整个空间注入时尚感

配饰：餐桌上方悬挂着一盏造型别致的吊灯，其不仅为空间提供了优质的照明，还有很强的装饰效果

材质：顶面、垭口以及地面都采用相同材质的木线条作为装饰，提升了空间的层次感与搭配的整体感

▲ **色彩：** 浅米色+黑色作为餐厅的主体色，对比明快的色调中带有一丝柔和之感

配饰： 吊灯是餐厅装饰的一个亮点，精美的水晶吊坠搭配金属框架，整个造型的奢华之感溢于言表

材质： 手绘墙以雨林作为主题，让整个空间都充满着郁郁葱葱的自然之感

▲ **色彩：** 绿色的运用提升了整个空间的色彩饱满度，也是空间装饰中的一个夺目点

配饰： 灯带+吊灯+壁灯+射灯的照明组合，渲染出一个华丽而温馨的空间氛围，彰显出现代欧式风格灯具的奢华气度

材质： 圆弧形石膏吊顶通过金属线条的修饰，看起来更有立体感，层次丰富，极富美感

▲ **色彩：** 白色+酱红色作为空间的主体色，显得暖意十足而又简洁大方，配色简单的黑色及金色线条，层次丰富，视感高级

家具： 柜体的白色使其与室内墙面的融合度很高，不会因为体积过大而产生压抑感

材质： 踢脚线与波打线的运用，让墙面、地面的过渡更有层次感，加强空间感的同时也提升了色彩的层次感

▲ **色彩：** 米黄色+棕红色+浅咖啡色作为餐厅的主色调，这些暖基调的颜色组合在一起，让空间的整体氛围更显温馨。娇艳明快的黄色点缀其中，在提升空间美感的同时，也让色彩的饱满度更高

家具： 根据空间结构特点量身定制了收纳柜，既能提升用餐的舒适感，也可以为家居生活提供更多的收纳空间

材质： 玻璃推拉门作为餐厅与厨房之间的间隔，其白色边框搭配清玻璃，迎合了空间的整体色彩基调，也更突显了设计搭配的整体感

▲ **色彩：** 蓝色餐椅与墙面的橙色形成互补，再配合背景的白色，有效提升了配色效果的层次感与饱满度

家具： 餐桌上方装饰了一盏长方形水晶吊灯，为用餐环境的渲染起到画龙点睛的作用

材质： 印花壁纸装饰餐厅墙面，其上精美的花鸟图案与桌面上的绿植形成呼应，提升了空间的自然氛围

色彩： 在开放式的空间中，用黑色作为餐厅的主体色，并不会产生压抑感，相反，其高级而神秘的特质还会增添空间的时尚感

配饰： 吊灯的样式看起来科技感十足，再配合灯带与射灯的衬托，使整个用餐氛围得到有效提升

材质： 地砖与乳胶漆选择同一颜色，更有利于体现空间的整体感，其简单的选材也呈现出别样的美感

色彩： 橙色与黄色的运用，有利于提高用餐者的食欲，同时与背景的浅色形成明快的对比，使空间色彩饱满度更高

配饰： 长方形水晶吊灯呈现的光影层次十分丰富，在梦幻而明亮的环境下用餐，是一种十分美妙的体验

材质： 餐厅的壁纸、地砖等主材的选择都与客厅保持一致，这样能让家居环境更显开阔舒适

色彩： 深棕色与米白色的色彩组合，使空间色彩层次分明，呈现的视感也颇为典雅大气

配饰： 插花与绿植是美化餐厅的不二之选，其不仅性价比高，还可以根据季节和个人喜好来进行更换

材质： 黑色大理石线条的修饰，加强了用餐区域的空间感，也是体现选材多样化的一个装修技巧

▲ **色彩：**在以干净的白色作为背景色的空间中，可以适当地添加一些暖色以进行调和，这样可以让餐氛围更舒适、温馨

家具：家具的造型十分有设计感，简洁通透的大理石桌面搭配坚实耐用的金属支架，简约中流露出现代欧式风格的奢华格调

材质：镜面的大面积运用，让小餐厅看起来宽敞、明亮，很好地缓解了小空间的局促感

▲ **色彩：**孔雀绿色在这个以浅色为主色调的空间内，显得尤为惹眼，为空间带入自然而清爽的感觉

配饰：写实的装饰画，将欧式经典建筑融入室内，用艺术来提升空间的美感，是一件十分美妙的事

材质：浅灰色的地砖，纹理丰富，饰面光亮，突出现代欧式风格的时尚感

▲ **色彩：**深蓝色+白色+金色作为餐厅的主体色，其中，蓝白两色的对比，给人带来清爽、明快的视感，而金色的修饰则更多了一份华丽感

家具：圆形餐桌采用金属支架搭配白色大理石，呈现出时尚亮丽的外形，也彰显了现代欧式风格家具的轻奢美感

材质：亚光地砖的耐磨度更高，还能避免反光面造成的光污染，深浅颜色交替运用，让简单的选材，呈现丰富的层次感

色彩： 在以浅棕色作为主体色的空间中，用黑色、金色、浅咖啡色进行调和，色彩过渡平稳、和谐

配饰： 象征着太阳的墙饰，成为餐厅中比较吸睛的装饰元素之一

材质： 深色烤漆玻璃作为收纳柜的面板，比传统木饰面板更显简洁

色彩： 浅色作为餐厅的背景色，通过金色、黑色、橙色的点缀装饰，视感华丽而丰富

家具： 金属、石材、皮革构成了家具的主材，充分彰显了现代欧式风格家具选材的多元化

材质： 玻化砖装饰了整个空间的地面，且其简约通透的质感也是彰显现代风格时尚魅力的一个重要元素

色彩： 在餐厅中使用黄色更有利于提高食欲，且其温暖而明快的色彩风格也能提升空间的装饰美感，是一种易于搭配的颜色

配饰： 餐桌上方的玻璃吊灯，其简洁大方的外形配上视感通透的玻璃灯罩，为精致的现代欧式风格居室带入一份工业时代的摩登感

材质： 单色乳胶漆装饰墙面，简单实用，美观度高

NO.4

卧室

▲ **色彩：**红色是卧室中惹眼的颜色，其不仅让居室配色的饱满度得到了提升，还营造出一个欢乐、喜庆的空间氛围

配饰：水晶材质的吊灯与壁灯组合，呈现的光影效果十分华丽。顶棚四周配置的暖色灯带，是营造浪漫氛围的最佳利器

材质：镜面与硬包两种材质装饰的卧室墙，质感对比强烈，也更有层次感

▲ **色彩：**浅棕色作为室内的主色调，呈现的视感内敛而低调，同时运用金银两色进行点缀，整体配色华丽而大气

配饰：灯具、装饰品、挂画等软装元素的运用，尽显现代欧式风格居室的华美与精致

材质：成品石膏雕花装饰了卧室的电视墙，精致而曼妙的雕花为现代欧式风格居室带入一份复古的美感

▲ **色彩：**银色窗帘在灯光的映衬下，显得奢华大气。在布艺元素中融入一些相对华丽的颜色，是提升空间色彩层次感的最佳手段之一

配饰：精美的吊灯，呈现出美轮美奂的光影效果，与射灯、台灯组合，使空间照明系统更加完善，同时也能满足不同的使用需求

材质：护墙板做成凹凸造型，其呈现的层次感简洁分明，两种板材的颜色搭配也十分和谐舒适

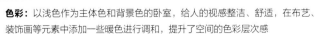

▲ **色彩：**以浅色作为主体色和背景色的卧室，给人的视感整洁、舒适，在布艺、装饰画等元素中添加一些暖色进行调和，提升了空间的色彩层次感

配饰：大块地毯的运用，让卧室的舒适感得到提升，其简洁大气的几何纹样，使其装饰感更强

材质：壁纸的纹理在灯光的映衬下，显得格外精美，为现代欧式风格卧室营造出一个宁静而舒适的氛围

▲ **色彩：**灰色+白色+黑色作为卧室的主体色，金色的点缀增添了贵气感，完美诠释出现代欧式风格居室的精致感与轻奢感

配饰：台灯颇具科技感的设计造型增添了空间的现代时尚感

材质：硬包的拼贴方式，看起来极具立体效果，浅金色线条的修饰，使整体装饰效果层次更显丰富

色彩： 浅棕色作为主体色，呈现给人的视觉感暖意十足

配饰： 床头悬挂着两幅装饰画，其印象派的画风使空间充满艺术感

材质： 简单的素色调壁纸，搭配木线条的修饰，其整体装饰效果在雅致中流露出一份迷人的复古气息

色彩： 墨绿色的床尾凳是空间中最亮眼的颜色，搭配作为主体色的原木色和白色，呈现出大气的视觉效果

配饰： 通过灯具的组合运用来提升卧室的氛围格调，是一种比较简单有效的装饰手法

材质： 木饰面板的纹理在灯光的映衬下，显得更清晰自然，在其中嵌入的镜面使整体装饰效果的层次更丰富

色彩： 高级灰+象牙白作为卧室主题墙的配色，其色彩对比明快且不失柔和的美感

家具： 家具的样式简洁大方，浅金色线条搭配柔软舒适的软包，呈现出古风与现代感并存的美感

材质： 硬包的造型看起来很别致，现代欧式风格的美感瞬间被展现了出来

色彩：蓝色能给人带来清爽、沉静之感，在卧室中，可以考虑用在窗帘、床品等布艺元素中，再搭配上白色、黄色，这样的组合简约清爽，赏心悦目

家具：床头两侧对称布置了两盏壁灯，暖色的灯光点亮并温暖了整个空间

材质：硬包的肌理饰面非常精致，暖色灯光的映衬使其更具美感

色彩：金棕色+黄色+浅木色作为卧室的主体色，色彩饱满度高，装饰效果华丽而大气

配饰：多头设计的吊灯，呈现的光影层次更加丰富，搭配考究的金属框架，使灯具本身成为一件精美的装饰品

材质：饰面板装饰的床头墙，不需要做复杂的设计造型，其简洁大气的美感十分符合现代欧式风格居室的气质

▲ **色彩：** 米黄色是卧室的主体色，暖暖的氛围油然而生。布艺元素的颜色清爽、亮丽，点缀出一个视感丰盈且饱满的睡眠空间

配饰： 墙饰、灯具等软装元素，其考究的选材以及精美的造型，都使整个空间更具美感

材质： 软包墙保证了空间的私密性，其良好的吸声与隔声功能，有助于提升睡眠质量

➡

色彩： 在色彩设计简约的卧室空间中，墙面壁纸的颜色成为居室配色的点睛之笔，有效提升了空间的色彩层次感及视觉饱满度

配饰： 吊灯纤细、秀丽的外形，搭配考究的选材，俨然已经成为一件美轮美奂的装饰品

材质： 白色护墙板的造型简洁、利落，让家居环境看起来更具有现代欧式风格的精致感

色彩： 背景色与主体色的色彩搭配对比明快，更有利于营造出一个简洁、舒适的睡眠空间

配饰： 装饰画、花艺的装饰，通过软装元素的细节把控，将卧室装扮得更加精致和亮眼

材质： 木地板永远是卧室地面装饰材料的不二之选，色调温和，脚感舒适，自然感十足

色彩： 金棕色作为主体色，视感高级，使现代欧式风格卧室的轻奢范儿十足

配饰： 吊灯、灯带以及壁灯的组合运用，呈现的光影效果十分丰富，暖暖的光线也使空间氛围更有助于睡眠

材质： 无缝饰面板装饰的墙面，呈现的整体感更强

色彩： 灰色是卧室装饰的主体色，并且通过纯度的变化，体现出层次感，彰显了现代欧式风格的大气之美

家具： 简洁而不失精致的定制家具，与空间内的其他家具搭配，营造出一个干净、整洁、时尚的现代欧式风格卧室

材质： 床头墙采用极具艺术感的图案作为装饰，非常具有创意，是彰显个性的最佳表现手法

▲ **色彩：** 在现代欧式风格居室中，明艳的红色作为点缀色，使空间充满暖意与喜庆感

家具： 高靠背软包床经过造型的简化，仍然保留了古典家具的复古感且轻奢感十足

材质： 无缝饰面板的纹理通直，清晰且丰富，更加突出了现代欧式风格选材精细的特征

▲ **色彩：** 姜黄色的运用，让居室内的配色更有层次感与温度感

家具： 扇形软包床给人的感觉宽大而舒适，透过家具的细节，让空间更显精致

材质： 原木地板的纹理丰富，并巧妙地利用了铺装方式的变化，彰显了现代欧式风格装饰设计的美感

▲ **色彩：** 以白色为背景色的卧室，给人的感觉整洁干净，用布艺元素的颜色进行点缀装饰，整体色彩层次更加丰富

配饰： 吊灯与灯带的组合，使卧室的光影效果显得很浪漫，营造出温馨的氛围

材质： 顶棚的跌级造型，突显了顶面设计的层次感，白色石膏板在灯光的衬托下，显得更加细腻

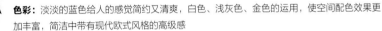

色彩： 淡淡的蓝色给人的感觉简约又清爽，白色、浅灰色、金色的运用，使空间配色效果更加丰富，简洁中带有现代欧式风格的高级感

家具： 床头两侧对称摆放的床头柜，不仅提供了充足的收纳空间，还缓解了卧室的空旷感

材质： 硬包的造型简洁大方，通过拓缝处理后，层次更加丰富，立体感也更强

▲ **色彩：** 灰色作为卧室的主体色，能给人带来时尚、睿智、高级的视觉感

配饰： 床头左右两侧对称安装的壁灯，样式时尚别致，其暖暖的灯光，让睡眠空间更显温馨

材质： 软包搭配木饰面板，既有很好的吸声与隔声效果，软包的立体感还为空间增添了设计感

▲ **色彩：**墨绿色是卧室配色中的亮点，与金色、白色相搭配，清爽自然，且不乏现代欧式风格的奢华气度

家具：软包床的样式虽然经过简化，但仍保留了高靠背造型，其装饰性、美观度以及舒适度更佳

材质：白色硬包装饰的床头墙，与装饰面板形成鲜明的对比，既活跃了空间配色又能彰显选材的多样性

色彩： 粉红色的点缀，增添了卧室的甜美气质，营造出一个简洁浪漫的空间氛围

配饰： 吊灯的样式新颖别致，其暖色光线使得整个空间更显温馨

材质： 硬包的颜色与窗帘形成呼应，体现了硬装与软装之间搭配的协调感

色彩： 冷色作为卧室的背景色，有益于营造出一个静谧、安逸的空间氛围，象牙白比亮白色更显柔和，与冷色调的背景色组合，呈现的视觉感简洁又不乏现代欧式风格的高级感

家具： 在卧室中放置一把椅子，利用小家具丰富空间功能，还可以作为装饰或点缀，实现美化空间的目的

材质： 地板选择原木色更有利于营造居室的自然氛围，也能在视觉上让人感觉更温暖

▲ **色彩：** 橙色的点缀，成为提升卧室配色温度的关键，营造出一个明媚而温馨的睡眠空间

配饰： 造型层次丰富的吊灯已然是卧室装饰的点睛之笔

材质： 金属线条的运用，丰富了墙面的设计感，也让居室的配色效果有了一份奢华之感

书房

现代欧式风格

▲ **色彩：** 深蓝色作为书房的主体色，与白色背景色形成鲜明的对比，整体色彩氛围素雅、洁净

家具： 家具线条纤细流畅，其简洁的外形非常符合人体工程学原理，且舒适度与美观度兼具

材质： 银色镜面让书房看起来更加简洁、时尚，搭配明亮的光线，使整个空间视觉层次更加丰富

▼ **色彩：** 孔雀绿的窗帘成为室内配色的亮点，搭配简洁的白色，呈现的视感简洁中带有一份华丽感

家具： 定制书柜可以根据自己的生活习惯进行设计，能有效地节省空间，提升空间的整体感

色彩：白色与浅棕色的组合，简洁中带有一份婉约的美感，是体现现代欧式风格特点的一种经典配色

配饰：根据自己的喜好摆设一些装饰物品，不仅丰富了空间的视觉感，还是提升生活趣味性的一种方式

材质：镜面的视觉效果简洁通透，让空间的层次更丰富

色彩：用一幅配色饱满的装饰画来提升空间的色彩层次，是最行之有效的办法

家具：T字形布置的书桌与书柜，能够缓解空间的狭长感

材质：木质踢脚线让浅色墙面与深色地板的衔接更自然，对于空间的配色效果也起到了丰富层次感的作用

色彩： 选择深色作为书房的主体色，白色是不能缺少的颜色，通过白色的调和，使空间配色的层次更明快，效果更简洁大气

家具： 整墙定制的书柜，运用了灯带作为装饰，这样能在视觉上弱化家具的沉重感

材质： 木地板装饰书房地面，脚感舒适，温润的暖木色也更有利于舒适氛围的营造

色彩： 金棕色作为主体色，尽显现代欧式风格轻奢、大气的美感

配饰： 几何图案的地毯提升了空间舒适度，其现代感十足的图案，也突显了现代欧式风格的时尚美感

材质： 顶棚的四周运用了木线条作为装饰，让顶面的设计更有层次，避免了单一材质的单调感

色彩： 金色作为辅助色，被运用在家具和灯具等软装元素中，其呈现的视觉效果华丽而精美

家具： 家具的设计线条简单利落，深色烤漆饰面在少量金色线条的修饰下，更显现代欧式风格家具的奢华气度

材质： 做旧的实木地板让空间展现出沉稳内敛的特质，让现代欧式风格的空间瞬间拥有复古的美感

色彩： 棕色作为辅助色，被运用在布艺元素和家具中，增强了空间色彩层次感与稳重感

配饰： 卷帘自身占据的空间较小，更加适合用在小空间中，同时其较强的灵活性能够保证书房采光的舒适性

材质： 镜面的运用，让书柜的层次感更强，也能在视线上弱化空间的紧凑感

色彩： 书柜的蓝色成为空间配色的夺目点，典雅大气，加上金色线条的修饰，整体看起来更显高级

家具： 书桌前并排布置了两把椅子，可以满足两人同时使用书房的需求，以此增添家居生活的互动性，提升生活乐趣

材质： 米白色地砖的光洁度很高，其简约通透的视感也让居室空间看起来更加简洁大气

▲ **色彩：**鲜花的颜色是室内配色中的一个亮点，让以黑色、白色、灰色为主色调的空间有了一份自然、清爽的美感

配饰：书架上丰富的收藏品和书籍成为室内装饰的焦点，也是一种彰显居家生活格调的方式

材质：地板经过去色处理，其纹理看起来更清晰丰富，更能体现现代欧式风格选材的多样化与匠心之妙

▼ **色彩：**黑色、灰色作为辅助色，突显了白色的洁净感，也能弱化大面积白色的单调，再利用书籍、装饰画等元素进行点缀，使居室内的配色更有层次，视觉效果更丰盈

家具：书房的角落放置了一顶小帐篷，暖色灯光的衬托，氛围更显温馨，增添了现代生活的趣味性与童真之感

材质：深色地板让浅色柜体看起来更有轻盈感，简单的选材提升了室内的自然感

▲ **色彩：**金棕色与米白色作为书房的主体色，是一种彰显现代欧式风格简洁大气风格的配色手法

配饰：书桌上方长方形的水晶吊灯，使简约的书房瞬间拥有了奢华大气的美感

配饰：大块地毯的运用，不仅提升了空间舒适度，同时也缓解了其他元素的冷硬感

色彩： 金色线条简洁利落，弱化了深棕色的沉闷感，也赋予空间奢华大气的视觉感受

配饰： 巧妙运用灯光的颜色变化，可以将空间的层次感展现出来，也是提升视觉效果最有效的手段之一

材质： 无缝饰面板装饰的主题墙，虽然造型简单，却是书房装饰的一个亮点

色彩： 无彩色系作为书房的主色调，其明快的颜色对比突显了现代欧式风格居室配色的张力与表现力

配饰： 吊灯的样式新颖别致，金属框架搭配白色磨砂灯罩，彰显了现代欧式风格灯具简约而不失高级感的特点

配饰： 地毯成为书房地面装饰的一个亮点，色调明快，质感舒适

玄关走廊

NO.6

➡

色彩： 浅灰色作为背景色，使空间的简洁大气之感油然而生，搭配蓝色、黄色、黑色的点缀，整个空间的色彩层次感更显明快、活泼

家具： 收纳柜的造型简单大方，既能用于空间收纳，又彰显了现代欧式风格家具的新颖别致

材质： 简约通透的灰白色大理石装饰了整个空间的地面，再运用简单的线条来界定空间，以突出玄关的空间感

▲ **色彩：** 黑色与白色的对比简洁明快，浅暖色具有很好的包容性，调和了整体配色的视觉舒适度

配饰： 射灯和灯带的组合，渲染出一个层次丰富，简约明亮的空间氛围

材质： 黑白双色大理石装饰的地面，简约明快中流露出现代欧式风格的轻奢美感

色彩：深棕色让以浅色为主体色的走廊视感更沉稳

配饰：走廊没有任何装饰元素，显得干净利落

材质：洁净的大理石装饰的墙面，呈现出简约大气的视感，是提升居室装饰美感的关键

色彩：蓝色、棕红色、米色的使用面积不大，却能带来不容忽视的点缀作用，缓解了大面积白色的单调

家具：玄关家具整体选择白色，即使是整墙的高柜也不会显得压抑

材质：仿古砖耐磨性强，比较适合用于出入频率较高的玄关处，其丰富的颜色搭配也提升了玄关的美感

色彩： 灰色搭配金色，让玄关呈现的色彩氛围华丽而高级，与白色背景色形成鲜明的对比，使整个空间的配色层次更显明快

配饰： 装饰画是空间装饰的一个亮点，在增添空间艺术感的同时，也彰显了主人别具一格的品位

材质： 地砖的拼花色调明快，彰显出现代欧式风格的时尚感

▲ **色彩：** 原木色+浅咖啡色的颜色组合平稳和谐，白色的运用让色彩氛围明快许多，也迎合了现代欧式风格的简约气质

配饰： 中景墙悬挂的一幅装饰画成为走廊空间内的唯一装饰，意境深远，艺术感十足

材质： 鱼骨造型铺装的地板，呈现的装饰效果在简约中富含丰富的层次感，比传统铺装方式的效果多了一份活泼感

▲ **色彩：** 浅灰色作为空间的背景色，使空间的简洁时尚之感油然而生

配饰： 走廊空间采用无主灯式照明，与射灯相搭配是营造空间氛围最有效、最简单的手段之一

材质： 护墙板与乳胶漆的颜色保持一致，加强了硬装设计的整体感，再搭配同色调的线条，可以让装饰效果的质感与层次感更突出

色彩： 深棕色的运用，弥补了浅色的单一感，也使空间的整体视觉重心更稳定

配饰： 鸟笼造型的吊灯，在明亮的光线映衬下，其金属框架的质感更加突出，突显了现代欧式风格灯具的精致与华美

材质： 简单的白色线条让护墙板看起来更有层次，在简约的环境下更显设计者对其设计的用心

色彩： 白色作为整个空间的主体色，营造出一个简洁素净的空间氛围

家具： 定制的收纳柜让玄关拥有更多的收纳空间，同时其白色的饰面能在视觉上缓解空间的局促感

材质： 冰裂纹玻璃作为推拉门的主材，具有一定的透光度，不仅视觉美观度高，同时也能保证空间的私密性

色彩： 浅米色作为背景色，配合明亮的光线，能够轻而易举地营造出一个简洁、温馨的空间氛围

配饰： 人物画像作为装饰画，其颇具神秘感的画风，增添了空间的趣味性

材质： 踢脚线颜色与地面和墙面的色差，让地面与墙面的衔接更有层次感

色彩： 白色作为背景色，装饰效果简洁、素净。利用软装配饰来提升色彩层次，巧妙且易操作

家具： 边几的样式简约时尚，金属框架搭配大理石饰面，十分符合现代欧式风格的轻奢特质

材质： 细腻洁净的白色护墙板，为玄关提供了一个简洁大气的背景环境

色彩： 白色能使小空间看起来更有开阔感，地板的深色为空间注入了沉稳内敛的气质

家具： 收纳柜选择与背景色相同的白色调，可削弱柜体的体量感，也是弱化空间紧凑感的有效方式

材质： 通透感十足的铁艺隔断是玄关装饰的亮点，简约大气，兼备了美观性与功能性